HEIKE WESTEDT

SCHRECK LASS NACH!

1. Auflage 2013

ISBN 978-3-940083-00-5

Lektorat: Heidi Deinert-Theine

Layout: Johannes Pohlen

© Edition Cum Cane

www.cumcane.de

SCHRECK LASS NACH!

Es freut mich, dass Sie dieses Buch in die Hand genommen haben. Ich vermute, entweder Sie sind neugierig, Ihr Hund hat ein Problem mit Stress, oder er ist ängstlich. Mit diesem Buch möchte ich versuchen, Ihnen sowohl Hintergrundinformationen als auch praktische Hilfe für das Zusammenleben mit einem "schwierigen" Hund zu geben.

Erst langsam setzt sich bei uns Menschen die Erkenntnis durch, dass Tiere Gefühle haben, Angst empfinden und unter Stress leiden können. Stress und Angst lösen bei Tieren ebenso wie bei uns Menschen (auch wir sind „nur" Tiere) körperliche und psychische Schäden aus. Auf die körperlichen Folgen soll in diesem Buch nur am Rande eingegangen werden. Vor allem geht es um den Einfluss, den Stress und Angst auf das Gehirn und das Verhalten ausüben.

Hier soll eine Brücke geschlagen werden zwischen wissenschaftlicher Forschung und dem täglichen Leben. Auf der einen Seite gibt es viele Forschungsergebnisse aus den Bereichen Tierverhalten, Angst- und Stressforschung; auf der anderen Seite treten immer mehr Probleme bei unseren Hunden auf, sie leiden unter Stress und verhalten sich häufig aggressiv oder ängstlich. Unterschiedliche Methoden und Ideologien, wie man mit diesen „tierischen" Problemen umzugehen hat, sorgen für eine große Verunsicherung bei den Hundebesitzern. Mit diesem Buch soll der Versuch unternommen werden, die wissenschaftlichen Erkenntnisse in die tägliche Routine und regelmäßigen Übungen zu übersetzen, um so ein effektiveres Training zu ermöglichen.

Es wäre schön, in einem Buch ein Patentrezept vorzustellen, mit dem alle Probleme gelöst werden können. Aber leider funktioniert dies nicht. Jedes „Fehlverhalten" unseres engen Freundes ist immer nur ein Symptom und kann verschiedene Ursachen haben. Die Art des Trainings richtet sich nach der Ursache, nicht nach dem Symptom. Hier steht Ursachenforschung an erster Stelle. Hinzukommt, dass der Charakter des jeweiligen Hundes mit in das Training spielt. Zu guter Letzt muss das Lernverhalten von Hunden im Allgemeinen und von dem jeweiligen Hund-Mensch-Team im Besonderen beachtet werden. Dieses Buch versucht, Hilfe bei der

Einschätzung der Schwere des Problems zu geben, sowie Anregungen und praktische Tipps für das Training und den Alltag mit einem "Problemhund".

Besitzer eines ängstlichen oder gestressten Hundes, fühlen sich oftmals hilflos und überfordert. Auf der einen Seite sehen sie sich oft mit ihren Problemen allein gelassen, auf der anderen Seite ist eine hohe Erwartungshaltung der Umwelt an Hunde und ihre Besitzer zu spüren. Aber auch „Problemhundebesitzer" können erstmal aufatmen. Selbst, wenn Hunde mit anderen Hunden nicht klarkommen, andere Menschen anbellen, versuchen, Besucher zu attackieren oder panisch werden, kann man diesen in den meisten Fällen helfen. Das ist die Grundlage zu einem ruhigen und harmonischen Leben in unserer Gesellschaft.

Zwei wichtige Grundregeln gelten für das entspannte Zusammenleben und erfolgreiche Training mit einem „Problemhund":

Der Tierhalter muss verhindern, dass sein Hund das „falsche" Verhalten zeigen kann. Dies bedeutet für ihn als Besitzer am Anfang sehr viel Management. Das ist der Schlüssel zum Erfolg. Jedes Mal, wenn der Hund sein „Fehlverhalten" lebt, wird er besser darin und bekommt in der Regel von irgendeiner Seite eine Bestätigung für dieses Verhalten. Deshalb planen und gestalten Sie vorab das Geschehen möglichst so, dass Ihr Hund nicht auf seine „unerwünschte" Art reagieren kann.

Sie brauchen viel Geduld und Durchhaltevermögen. Arbeiten Sie mit Ihrem Hund an einem Angstproblem, so muss das Tier alte Verhaltensmuster aufbrechen, neue Wege kennenlernen, einüben und verinnerlichen. Das erfordert viel Zeit und Übung, die Sie als Hundehalter aufbringen müssen.

Das Buch soll eine praktische Hilfe sein, trotzdem oder gerade deshalb, ist es voll mit Theorie! Nur, wenn man um die möglichen Hintergründe eines Problem weiß, mögliche Ursachen benennen und Zusammenhänge erkennen kann, ist die Praxis begründet und kann erfolgreich sein. Denn Wissen schafft Einsicht für die Ursachen und die Folgen des „Fehl-Verhaltens", vermittelt Verständnis für den Hund, gibt Ideen für optimiertes

Training, zeigt Lösungsmöglichkeiten auf und ermöglicht eine realistische Einschätzung der Intensität des Problems.

Dieses Buch besteht aus vier theoretischen Teilen und Fallbeispielen, außerdem aus je einem umfangreichen Kapitel über Trainingsmethoden und Hilfsmitteln sowie Planung und Durchführung von Trainingseinheiten.

Erstes Kapitel: Wahrnehmung
Wie nimmt der Hund seine Umwelt wahr, wie reagiert er auf Umweltreize, welchen Einfluss haben diese Erfahrungen auf Angst- und Stresssituationen?

Zweites Kapitel: Körpersprache des Hundes
Um wirklich einschätzen zu können, wie es dem Hund in den verschiedenen Situationen geht, muss man „hündisch" verstehen. Diese Sprache besteht hauptsächlich aus Gestik und Mimik. Lernen Sie Ihren Hund „lesen"!

Drittes Kapitel: Angst
Was versteht man unter Angst, Unsicherheit und Panik? Was passiert in solchen Situationen mit und in Ihrem Hund, und wie reagieren Sie richtig?

Viertes Kapitel: Stress
Was versteht man unter „Stress", was passiert im Hund unter Stress, und wie wird sein Verhalten beeinflusst?

Fünftes Kapitel: Fallbeispiele
Beispiele aus dem Trainingsalltag

Sechstes Kapitel: Trainingsmethoden
allgemeines Lernverhalten von Hunden, grundlegende Trainingsprinzipien, positive Bestätigung, Einsatz von Strafe, Clicker, Aufmerksamkeitsgeräusch, Vertrauensaufbau, Stressabbau, Abrufen, Alternativverhalten, andere Auswege, enriched environment, Parallellaufen, Social Walk, Hingucken – Weggucken

Siebtes Kapitel: Trainingsplanung
Woran kann ich den aktuellen Leistungsstand meines Hundes ablesen, wie plane ich ein Training? Und wie überprüfe ich die Trainingserfolge?

Der Inhalt dieses Buches ist eine Zusammenfassung von Wissen aus ganz unterschiedlichen Quellen – Hundetrainern, Literatur, persönlichen Erfahrungen mit unterschiedlichen „Problemhunden".
Die Trainingsmethoden, die vorgestellt werden, kommen ebenfalls aus verschiedenen Richtungen. Den Social Walk zum Beispiel habe ich bei Turid Rugaas und Sheila Harper kennen gelernt, am meisten beeinflusst hat Mirjam Cordt meine „Art" des Social Walks.

Das Buch soll kein wissenschaftliches Buch sein, deshalb sind viele Fakten vereinfacht und für die Verständlichkeit gekürzt und vielleicht auch ungenau dargestellt. Für die Leser, die gerne mehr Informationen und Details haben möchten, gibt es extra Kästchen mit Hintergrundinformationen oder Hinweise auf weiterführende Literatur im Literaturverzeichnis.

Beispiele habe ich sowohl aus Hunde- als auch Menschenwelt genommen. Obwohl Hund und Mensch unterschiedlichen Spezies angehören, ähneln sie sich in ihren körperlichen Reaktionen auf Stress und Angst sehr, so dass diese Vergleiche zulässig sind. Verständnis für eine Situation und Reaktion kann man meist am besten entwickeln, wenn man die Situation nachvollziehen kann. Auch deshalb sind viele Beispiele dem menschlichen Leben entnommen.
Dennoch sind unsere treuen tierischen Begleiter Hunde und keine felligen homo sapiens. Wir teilen zwar gewisse Gefühle und physiologische Eigenheiten. Aber wie sich diese äußern und das Verhalten beeinflussen, ist von den körperlichen Voraussetzungen der einzelnen Spezies abhängig. Hunde nehmen unsere gemeinsame Welt als Hunde wahr, wir als Menschen; beide reagieren entsprechend ihrer „Herkunft" auf dieselbe Umwelt. Dies sollte nicht vergessen werden.

DIE WAHRNEHMUNG

Es ist sonnig und trocken, Waldi läuft entspannt vor uns über einen schattigen Waldweg her, alles ist friedlich und scheint perfekt. Ein entspannender Feierabendspaziergang mit dem Hund am Ende eines schönen Tages. Aus dem Nichts heraus springt Waldi im hohen Bogen in die Böschung, taucht unter und kommt mit einer Maus im Maul einige Sekunden später wieder auf den Weg, sehr stolz auf sich und seinen Jagderfolg.

Für diese kleine Geschichte und alle anderen täglichen Gegebenheiten mit unseren Hunden gibt es eine Grundlage; unsere Hunde nehmen ihre Umwelt wahr, reagieren auf sie und können so Situationen und Probleme erfolgreich lösen. In unserem Beispiel ist Waldi aufgrund seines Geruchs- und Gehörsinnes in der Lage, die Maus zu orten und erfolgreich zu jagen.

Wahrnehmung betrifft alle Bereiche des Lebens, jedes Lebewesen braucht zum Überleben die Fähigkeit, seine Umwelt wahrzunehmen. Diese Informationen müssen verarbeitet werden, und das Lebewesen kann dann entsprechend reagieren. Nur so ist ein Organismus überlebensfähig.

Schon die einfachsten Einzeller können Informationen aus der Umwelt aufnehmen und darauf reagieren. So bemerken sie, wenn in ihrer Umgebung giftige Stoffe vorkommen und versuchen, sich durch aktive Bewegungen von der Quelle des Giftes fortzubewegen. Welche Informationen ein Lebewesen wahrnehmen kann, richtet sich nach den Sinnen, die dem Lebewesen zur Verfügung stehen. Hunden stehen folgende Sinne zur Verfügung:

· Sehen
· Hören
· Riechen
· Schmecken
· Fühlen von Berührungen
· Spüren der eigenen Lage im Raum
· Tastsinn

Diese Sinne bilden die Grundlage der Wahrnehmung. Die Informationen aus der Umwelt gelangen über die verschiedenen Sinnesorgane des Hundes in sein Gehirn, werden dort verarbeitet, und dann kann der Hund entsprechend reagieren. So weit so einfach, aber gerade hier liegt der Schlüssel zum Verständnis jedes

Verhaltens, auch des Problemverhaltens des Hundes. Denn die Wahrnehmung der Umwelt und die damit verbundene Einschätzung der Umwelt ist der Anfang der Reaktion des Hundes. Das gilt, wie in Waldis Beispiel, für das tägliche Überleben, aber auch für das komplizierte Sozialverhalten und das Zusammenleben von Individuen. Auch hier ist die Wahrnehmung der Umwelt und der Signale anderer Tiere der Start der Reaktion auf die Umwelt. Hier liegt also der Ausgangspunkt für jedes Verhalten zwischen verschiedenen Lebewesen, und damit auch der Ursprung für die meisten Verhaltensprobleme bei Hunden. Sie nehmen einen Reiz aus der Umwelt wahr, erkennen in ihm eine Gefahr und reagieren in einer für sie sinnvollen Weise darauf. Ob der Reiz wirklich eine objektive Gefahr signalisiert oder nur subjektiv als Gefahr interpretiert wird, ist hierbei unwichtig. Der individuelle Hund erkennt in einem Reiz eine Gefahr und reagiert darauf. Die Reaktionen können ganz unterschiedlich sein. Vielleicht reagiert der Hund neugierig, betrachtet das Ganze jedoch vorsichtig, vielleicht flieht oder greift er an, verfällt in einen Verteidigungsmodus oder tut so, als gäbe es das Angstobjekt gar nicht.

Was genau passiert, wenn ein Tier einen Reiz wahrnimmt? Wie, wer oder was entscheidet, welcher Reiz Gefahr bedeutet? Woher weiß der Hund, was für ihn gefährlich ist? Warum reagieren Hunde auf bestimmt Reize „aggressiv", während andere unbedenklich sind? Warum ist die Wachsamkeit in der Dämmerung oder in der Dunkelheit immer erhöht?

Um diese Fragen zu klären, ist es sinnvoll, das Phänomen Wahrnehmung, hier am Beispiel des Sehens, genauer zu betrachten.

Es ist für uns Menschen selbstverständlich, dass wir bestimmte Gegenstände erkennen, wenn wir sie erblicken. Welche Arbeit Ihr Gehirn vollbringt, bis wir wissen, welchen Gegenstand wir vor uns haben, ist uns nicht bewusst. Ein großer Teil der Wahrnehmung erfolgt ohne die bewusste Kontrolle des Gehirns. Dies ist sowohl bei Tieren als auch bei den Menschen so. Man kann vereinfacht sagen, nur das Ergebnis einer Wahrnehmung ist einem bewusst, der Weg zu der Erkenntnis findet unbewusst statt.

Stoppen Sie kurz mit dem Lesen, was haben Sie vor sich? Sie haben ein Buch in den Händen, klar. Aber die Erkenntnis ist nicht einfach so da, Ihr Gehirn muss dafür viel Arbeit leisten. Es werden sowohl die Wahrnehmungen der Augen, die Informationen über das Gewicht des Objektes als auch das Gefühl seiner Oberfläche in Ihren Händen verarbeitet, bis Ihr Gehirn weiß, dass es sich bei diesem „Ding" in Ihren Händen um ein Buch handelt. Es ist kühl, glatt, riecht nach Papier, wiegt ungefähr 300 Gramm und ist mit kleinen Zeichen gefüllt. Dieser Vorgang kann nicht unmittelbar wahrgenommen werden, nur das Ergebnis erkennen wir, ein Buch. Hätten wir andere Informationen bekommen, z.B. 300 Gramm, glatt, metallisch, sehr heiß, Geruch nach Essen ….. wäre unsere Reaktion vermutlich eine andere: Wir würden erschrecken und den heißen Topf fallen lassen.

Dieser Vorgang beschäftigte die Philosophen ebenso wie die Naturwissenschaftler. Lange Zeit ging man davon aus, dass nur Emotionen so unbewusst verarbeitet werden, und man keinen Einfluss auf sie hat. Im Gegensatz dazu nahm man an, dass die Wahrnehmung des Gegenstandes, also das Wissen um einen Gegenstand, bewusst abliefe. Hier war immer der große Unterschied gesehen worden, zwischen den „niedrigen" Emotionen und der „höheren" Erkenntnis der Dinge. Nachdem man erkannte, dass diese Überlegungen nicht stimmten, wollte man mehr wissen und fragte sich, worin der wirkliche Unterschied zwischen Emotionen und Wissen läge. Man entdeckte, dass sowohl Emotionen als auch Gedanken größtenteils unbewusst verarbeitet und wahrgenommen werden. Trotzdem ist es ein Unterschied, ob man den Gegenstand für sich emotional interpretiert und wahrnimmt oder ihn als Gegenstand an sich erkennt. Wissenschaftler haben versucht herauszufinden, inwieweit diese unterschiedlichen Teile der Wahrnehmungen sich vielleicht beeinflussen. Sie wollten erkunden, ob eine Emotion im Zusammenhang mit einem Objekt entsteht, weil wir auf das Objekt reagieren, oder ob wir auf ein Objekt reagieren, weil wir eine Emotion empfinden. Das klingt jetzt sehr abgehoben und fast unwichtig, aber ein Beispiel aus dem menschlichen Umfeld soll

die Bedeutung der Fragestellung und des Ergebnisses in Bezug auf den Umgang mit Angsthunden verdeutlichen.

Geht ein Mensch durch einen Wald und sieht auf einmal einen Bären, so wird der Mensch wegrennen und Furcht empfinden.

Die Frage der Wissenschaftler war, ob der Mensch Furcht empfand, weil er die Flucht ergriffen hatte. Oder rannte er weg, als Folge der Angst vor dem Bären?

Im ersten Moment macht es scheinbar keinen Unterschied, welches Phänomen zuerst auftritt, die Aktion (Wegrennen) oder die Emotion (Furcht). In Bezug auf Angst und Angststörungen zum Beispiel erkennt man jedoch leicht die Bedeutung dieser Frage. Wer beeinflusst wen? Beeinflussen die Emotionen die Reaktionen des Menschen auf eine Situation, oder ist umgekehrt die Emotion eine Antwort auf die Reaktion, die ein Mensch in einer Situation zeigt? Letzteres würde bedeuten, dass eine Verhaltensänderung den Menschen von Angst befreit, während im anderen Fall die Angst als Ursprung des menschlichen Verhaltens verändert werden müsste. Man hat festgestellt, dass keine dieser Überlegungen wirklich stimmt. Nach dem heutigen Wissenstand läuft die Wahrnehmung von Dingen folgendermaßen ab: Eintreffende Umweltreize werden an einer "Eingangskontrolle" im Gehirn auf mögliche Gefahrensignale hin überprüft und entsprechend als ungefährlich oder gefährlich eingestuft. Dieses Ergebnis ermöglicht eine dem Gehirn angemessen erscheinende Handlungsempfehlung, auf die mit einer Emotion reagiert wird. Dieser Teil des Gehirns arbeitet unbewusst; das bedeutet, die Entscheidung, ob ein Objekt gefährlich ist oder nicht, ist bereits getroffen, bevor das Lebewesen das Objekt bewusst erkannt hat. Dieses Bewertungssystem verfügt über ererbtes Wissen; gewisse Dinge erwecken Angst; bei uns Menschen sind dies haarige, lebendige Dinge (Hunde, Wölfe, Bären), kriechende Objekte (Schlangen) und vielbeinige Lebewesen (Spinnen); bei Ratten und Mäusen können Katzen Angst erzeugen und bei Hunden die Silhouette eines Raubvogels. Ererbte Ängste sind sehr sinnvoll, da sie das Überleben von Arten erfolgreich sichern. Rennt beispielsweise der Hase vor dem Hund bereits weg, bevor er erkennt, dass es sich bei dem schnellen Objekt um einen Hund handelt, so hat er Sekundenbruchteile gewonnen, die ihm helfen, in seinen Bau zu stürmen, bevor der Hund ihn erwischt.

Dieses System ist lernfähig und kann neue Angstobjekte integrieren.

Da dieser Teil des Gehirns aus den alten Hirnbereichen stammt, die bei allen Säugetiergehirnen vorhanden sind, kann man davon ausgehen, dass auch unsere Hunde dieser unbewussten Wahrnehmung und Einschätzung von Außenreizen unterliegen.

Dieses Bewertungssystem bedeutet Folgendes für das Lebewesen:

Bevor ein Reiz bewusst wahrgenommen wird, reagiert der Körper bereits; Auf diese Körperreaktion spricht das Emotionszentrum an und bewertet diesen Reiz mit Freude, Angst, Wut und anderen Gefühlen. Diese unbewusste Wahrnehmung kann nicht beeinflusst, gestoppt oder gesteuert werden.

Die bewussten Entscheidungen werden durch diese unbewusste Wahrnehmung und das hervorgerufene Gefühl beeinflusst.

Das Hauptzentrum dieses Bewertungssystems ist der so genannte Mandelkern, auch Amygdala genannt. Er ist Teil des limbischen Systems und eng verwoben mit dem vegetativen Nervensystem. So ist auch erklärlich, warum Angstobjekte direkt eine körperliche Reaktion hervorrufen. Erkennt der Mandelkern ein Objekt als gefährlich an, so bewirkt dies direkt eine Adrenalinausschüttung im Nebennierenmark.

Zum besseren Verständnis über die Arbeitsweise des Mandelkerns nun ein Beispiel aus dem menschlichen Alltag: Sie gehen über ein Feld und merken plötzlich, dass Sie intensiv ausatmen „pfuh" und anschliessend wieder normal weiteratmen. Sie schauen auf den Weg und erkennen einen Ast auf dem Boden, „ach, nur ein Ast", denken Sie. Was ist geschehen? Warum haben Sie zwischendurch nicht normal geatmet? Irgendetwas ist scheinbar unbewusst abgelaufen. Wenn Sie über das Feld laufen, nehmen Ihre Augen alle möglichen Dinge wahr; diese Informationen gelangen in Ihr Gehirn und werden über zwei Wege verarbeitet, einem bewussten und einem unbewussten. Ersterer führt als Hauptweg in die großen Verarbeitungszentren im Kopf und erkennt den Gegenstand bewusst als solchen; der zweite „kurze", schnelle Weg, dient der unbewussten Wahrnehmung im Sinne der oben beschriebenen Eingangskontrolle. Er liefert der „Kontrollstelle Mandelkern" nur ein ungenaues Abbild der optischen Wahrnehmung; diese reicht jedoch aus, um das Objekt einzuschätzen und eine Handlungsempfehlung abgeben zu können. In unserem Beispiel bedeutet dies – etwas Braunes, Gekrümmtes, auf grünem Untergrund, dies könnte eine Schlange sein – und schon wird Ihr Körper alarmiert, um eine Fluchtreaktion zu aktivieren.

Dieses Bild ist mit den „Augen" des Mandelkerns wahrgenommen, die Verarbeitung ist nicht genau und detailliert, aber sie reicht aus, um eine grobe Einschätzung der Gefahr vorzunehmen.

Dieses Bild ist mit den „Augen" des neuen Gehirns vorgenommen. Hier kann genau verarbeitet werden, und eine konkrete Abbildung des Gegenstandes ist möglich. In diesem Fall bedeutet sie „Entwarnung".

Währenddessen „denken" die Teile Ihres neuen Gehirns auf dem Hauptweg über die erhaltenen Informationen nach und sehen detailliert, nämlich einen Ast. Das neue Gehirn ist in der Lage, die Alarmierung des Körpers zu stoppen. Nun geschieht das, was Sie als Erstes wieder wahrnehmen: Sie atmen aus und beruhigen sich wieder.

Die erste Reaktion nennt man „erste Angstreaktion"; sie ist durch das Auftreten bestimmter körperlicher Merkmale wie die Freisetzung von Adrenalin, Blutdruckanstieg, erhöhte Herzfrequenz, Angstschweiß und anderen nachweisbar, auch bei den Tieren. Diese Angstreaktion ist nicht beeinflussbar; erst das bewusste Erkennen und die Wahrnehmung des Reizes mit dem „neuen" Gehirn können beeinflusst werden.

Lumpi hat Angst vor kleinen Hunden; abends beim Spaziergang ist für ihn vorerst alles in Ordnung, denn weit und breit ist kein anderer Hund zu sehen. Auf einmal reagiert Lumpi, springt nach vorne und verbellt eine Frau mit einer Einkaufstasche. Nach zwei Belläußerungen verstummt Lumpi genauso schnell wieder, wie er zu bellen begonnen hat. Was ist passiert? Auch Lumpi hat einen Mandelkern, der sehr ungenau die Wirklichkeit abbildet und manchmal Fehlalarme auslöst.

Bei der Behandlung von Angstverhalten muss man um das Phänomen der ersten unbewussten Angstreaktion wissen. Sie findet im Unbewussten statt, ist nicht beeinflussbar und somit auch nicht therapierbar. Was Therapie aber leisten kann, ist die Ansprache der „neuen" Gehirnteile, die die Angstreaktion wieder stoppen können.

Die schlechte Nachricht dieses Kapitels ist, dass ein Hund, der Angst vor anderen Hunden, Menschen, Schafen oder Anderem hat, seine erste Angstreaktion darauf vermutlich stets beibehalten wird. Die gute Nachricht ist aber, dass seine Stoppreaktion aus dem „neuen" Gehirn trainiert und ihm damit geholfen werden kann.

Bewusste und unbewusste Wahrnehmung

Um einen Reiz bewusst wahrnehmen zu können, muss er über eine bestimmte Zeitdauer ununterbrochen für eines der Sinnesorgane „präsent" sein, damit die Information über dieses Sinnesorgan dem Gehirn gemeldet werden kann.

Bei uns Menschen liegt die Grenze dieser Präsenzdauer in der optischen Wahrnehmung bei 100 Millisekunden. Das bedeutet, wir müssen 100 Millisekunden ein Objekt wahrnehmen, bevor wir es bewusst erkennen und benennen können.

Ist die Betrachtungszeit kürzer, so nehmen wir das Objekt nicht bewusst wahr; unser Gehirn zeigt zwar eine Reaktion, aber wir können nicht sagen, dass wir etwas mit den Augen gesehen haben. Aber nicht nur die Zeitdauer ist entscheidend für die bewusste Wahrnehmung von Reizen, auch die Aufmerksamkeit des Betrachters. So gibt es Untersuchungsergebnisse, bei denen Menschen innerhalb einer Filmszene auf bestimmte Details achten sollten; die Auswertung ergab, dass Einzelheiten, die vorher nicht angesprochen worden waren, das Bewusstsein der Testpersonen nicht erreichten; sie wurden „übersehen", da die Aufmerksamkeit auf anderen Aspekten lag.

Eine Schreckreaktion des Körpers als Antwort auf die Alarmierung durch den Mandelkern wird jedoch bereits durch die unbewusste Wahrnehmung eines Reizes ausgelöst.

Priming

Dieses Phänomen der unbewussten Wahrnehmung hat man bereits in den 50iger Jahren begonnen zu untersuchen. Zu diesem Zweck wurden Versuchspersonen Buchstabenmuster auf einer Leinwand so kanpp gezeigt, dass keine verbale Identifikation der Zeichen möglich war. Bei einigen Wörtern erhielten die Betrachter leichte Stromschläge, so dass aus sinnlosen Buchstabenmustern emotional aufgeladene Reize entstanden, die das autonome Nervensystem aktivieren konnten. Auch bei der unterschwelligen (unbewussten) Darbietung der negativ konditionierten Buchstabenmuster reagierte das autonome Nervensystem. Die Versuchspersonen gaben an, keinen Reiz wahrgenommen zu haben.

In neueren Untersuchungen wurde das Priming, also die unterschwellige emotionale Aktivierung untersucht. Bei diesem Versuch zeigt man unterschwellig (5 Millisekunden) einen aktivierenden Reiz, der nur unbewusst wahrgenommen wird und einen emotionalen Inhalt hat (ein finsteres oder ein freundliches Gesicht). Auf diesen Stimulus folgt ein sogenannter Maskenreiz, der die Verarbeitung des ersten Reizes beenden soll. Nach einer kurzen Pause wird ein Zielreizmuster gezeigt. Befragt man die Personen anschliessend nach ihrer Beurteilung des Zielreizmusters, so gibt es einen direkten Zusammenhang zwischen dem unbewusst wahrgenommenen Gesichtsausdruck vor dem Zielreizmuster und ihrer Bewertung des Zielreizmusters. Erschien ein freundliches Gesicht vor dem Muster, so bewerteten die Versuchspersonen dieses Muster durchweg positiv, während beim finsteren Gesichtsausdruck die Bewertung meist negativ ausfiel.

Wie lange dieses Priming anhält, ist noch nicht abschließend geklärt. Man konnte jedoch feststellen, dass sich die menschlichen Emotionen um so besser beeinflussen lassen, je unbewusster die Manipulation stattfindet.

DIE KÖRPERSPRACHE DES HUNDES

Wir wissen alle, was ein fremder Hund ausdrückt, wenn er in gebückter Haltung und unter den Bauch geklemmten Schwanz auf uns zukommt. Ebenso leicht erkennen wir die Spannung, mit der sich zwei Hunde mit erhobenen Ruten und Köpfen und starrem Blick begegnen. Aber müssen Hunde eigentlich immer erst in plakatgroßen Lettern reden, damit sie verstanden werden?

Im Umgang mit einem ängstlichen oder gestressten Hund, ist es wichtig, dass wir den Hund verstehen, wenn er noch in „leisen" Tönen spricht. Ansonsten ist er bereits mit der Situation überfordert, und wir können nur „Notfalltherapie" betreiben, um das Allerschlimmste zu verhindern.

Dieses Kapitel zeigt die Körpersprache der Hunde in den leisen Tönen auf und soll helfen, die Beobachtungsgabe zu verbessern. Es ist faszinierend und spannend, die Reichhaltigkeit dieser Sprache und die vielen Zwischentöne selbst in einer „nonverbalen" Sprache zu erkennen. Bekannt sind vor allem die Beschwichtigungssignale, die Turid Rugaas vor 30 Jahren beschrieben hat.

Körpersprache besteht aus vielen einzelnen Gesten, die verschiedene Bedeutungen haben. Es gibt Gesten, die dem friedlichen Miteinander dienen. Und es gibt solche, die eher provozieren, die klar warnen und abschrecken sollen; manche sollen einen höheren Status ausdrücken, während andere zum Spielen auffordern. Um die einzelnen Gesten einordnen zu können, ist es sinnvoll, das ganze Bild der Situation zu betrachten, d.h. genau den Zusammenhang, in dem das Zeichen der Körpersprache gegeben wird sowie den gesamten Ausdruck des Hundes zu analysieren. Neben den zu beobachtenden Gesten sind die Körperspannung und auch die Verlagerung des Körpergewichtes sehr aussagekräftig. Ein und dieselbe Geste hat unterschiedliche Bedeutung, je nachdem, ob sie mit wenig oder sehr viel Körperspannung und unterschiedlicher Gewichtsverteilung ausgeübt wird.

Am Anfang ist es gut, sich einzelne Gesten und ihre Bedeutung anzuschauen.

Grob kann man die Körpersprache der Hunde in 3 Bereiche einteilen. Einen, den grünen Bereich, in dem sich der Hund wohl fühlt und alles in Ordnung ist;

einen gelben Bereich, in dem das Tier in einem Konflikt ist und nicht weiß, wie es eine Situation einschätzen und reagieren soll. Im letzten, dem roten Bereich ist der Hund mit einer Situation überfordert, weiß sie nicht zu händeln und möchte sie gern beenden.

Der grüne Bereich
Der Hund fühlt sich gut, er ist entspannt und kann mit einer Situation umgehen. Auch in einer solchen „konfliktfreien" Situation zeigt der Hund Gesten und Beschwichtigungssignale. Sie haben nicht nur einen deeskalierenden Charakter, sondern sie dienen auch der Kommunikation. Der Hund kann über sie auch sein Wohlgefühl und seine guten Absichten ausdrücken. Diese Signale sind „milde" Zeichen, kleine Bewegungen überwiegend mit dem Gesicht, wie das Lecken der Lippen, Blinzeln oder den Kopf wegdrehen. Auf den folgenden Fotos sind die häufigsten „milden" Körperzeichen zu sehen.

Körperzeichen können alleine oder in Kombination gezeigt werden. Allgemein kann man sagen, dass die Aussage um so deutlicher ist, je mehr Zeichen gleichzeitig gegeben werden, und je mehr der Hund seinen Körper einsetzt. Im grünen Bereich werden also weniger und feinere Zeichen gezeigt, als in den

anderen Bereichen. Hier beginnt auch der Unterschied zwischen grünem und gelbem Bereich. Im grünen sind es einzelne milde Zeichen, im gelben sind viele Zeichen und Kombinationen aus ihnen zu sehen. Leider ist im Moment eine Strömung in der Hundewelt zu erleben, in der die Beschwichtigungssignale völlig überinterpretiert werden und schon freundliche Gesten als Stresszeichen missgedeutet werden. Das ist sehr bedauerlich, da diese Überbewertung nicht der Kommunikation und dem Zusammenleben mit Hunden dient. Auch beim Beobachten von Körpersprache gilt es, die Kirche im Dorf zu lassen und mit einem gesunden Maß zu beurteilen.

Der gelbe Bereich
Im gelben Bereich kommt der Hund mit einer Situation nicht zurecht; er ist unsicher, weiß keine Lösung und

gerät in einen inneren Konflikt. Dieser zeigt sich in „stärkeren" Gesten, entweder in Form vieler milder „Beschwichtigungssignale" oder quantitativ wenigen Zeichen, dafür besonders deutlich und den gesamten Körper betreffend. Der Begriff „Beschwichtigungssignale" kann hier missverstanden werden, besser wäre in diesem Zusammenhang von „Konfliktsignalen" zu sprechen, denn der Hund zeigt nach außen seinen eigenen inneren Konflikt. Er sagt dabei nichts über seinen „Status", und wie die Situation enden wird, aus. Zusätzlich zeigen einige Hunde im gelben Bereich gerne so genannte Übersprunghandlungen. Darunter versteht man Verhalten, das in keinem Zusammenhang mit der Situation steht, in der es gezeigt wird. So kratzt sich zum Beispiel ein Hund im Training, wenn er nicht weiß, was von ihm erwartet wird.
In den gelben Bereich sind auch „Flucht und Kampf" als Verhaltensweisen anzusiedeln. Die Beschreibung „Flucht und Kampf" ist nicht präzise; in Wirklichkeit stehen dem Hund vier statt nur diese zwei Verhaltensmöglichkeiten zur Verfügung; man spricht von den so genannten 4F's. Diese Abkürzung bezieht sich auf die englischen Namen der Verhaltensstrategien, die der Hund zeigen kann: fight, flight, freeze und flirt/fiddle about – zu Deutsch Kämpfen, Flüchten, Erstarren und etwas ins Lächerliche ziehen, sich damit arrangieren. Die 4F's werden im Folgenden noch genauer besprochen.
Der innere Konflikt, in den der Hund gerät, entsteht durch sich widerstreitende Gefühle; beispielsweise sieht das Tier einen Menschen und ist gleichzeitig neugierig und ängstlich. Er traut sich nicht, möchte aber trotzdem gern näher kommen. Gleichzeitig möchte er fliehen, wird aber vielleicht durch einen Befehl daran gehindert.
Allen Gesten des gelben Bereiches ist gemeinsam, dass der Hund eine höhere Körperspannung hat.

Die 4 F' s
Die vier Strategien stehen dem Hund wie die Stücke einer Torte zur Verfügung; er kann eins auswählen, und damit auf einen Konflikt reagieren. Alle Stücke haben den gleichen Sinn – sie sollen dem Hund helfen, einen Konflikt zu lösen.

Unter Fiddle about/Flirt finden sich die Handlungen, bei denen ein Individuum scheinbar mit der Situation klar kommt und sich arrangiert. Dies ist mit Sicherheit die Strategie, die am schwierigsten zu lesen ist. Ein Welpe kann beispielsweise nach anfänglichem Zögern ein echtes oder eben nur scheinbares Spiel beginnen. Den Unterschied erkennt man am „Zuviel“: In diesen eigentlich guten Handlungen zeigt der Hund im Flirt immer irgendetwas zu viel – mehr Körperspannung, als sonst im Spiel üblich ist, zu viel Freude, zu viel Spielaufforderung und so weiter. Oftmals ist diese „Spiel“-Situation Ausgangspunkt für scheinbar „aus dem Nichts auftretende“ Rauferei. Wieso das so ist, soll der nächste Abschnitt erklären.

Zwei Beispiele für Gesten aus dem gelben Bereich

Dieser Hund spielt nicht sondern befindet sich im fiddle about, man erkennt dies an der hohen Körperspannung und der speziellen Rutenhaltung

Unter Fight versteht man alle Verhaltensweisen, die zur Verteidigung dienen, also Bellen, Knurren, Zähne zeigen, Schnappen und so weiter. Fighting wird in unterschiedlichen Stärken und Intensitäten gezeigt. Flight bezeichnet alle Handlungen, die mit „Flucht“ zusammenhängen, sei es durch Herausgehen aus der Situation oder einen Schritt nach hinten machen. Es kann aber auch vorkommen, dass das Tier mental abtaucht und sich so einer Situation entzieht. Freeze meint all die Körperreaktionen, die mit Erstarren und Ruhigwerden einhergehen, wie Hinlegen, Setzen oder auch ganz reglos Stehenbleiben.

Kommt der Hund in eine schwierige Situation, so sucht er nach einer Lösung, um diesen inneren oder äusseren Konflikt zu beenden. Welche Strategie er wählt, ist abhängig von seiner Rasse, seinen Erfahrungen und der

Situation. Prinzipiell kennen alle Hunde alle Strategien und können sie auch anwenden. Die Strategie, die der Hund als erstes wählt, ist meist die, die er schon kennt, die schon Erfolg gebracht hat oder die er von seinen Eltern gelernt hat. Dennoch ist dieses Muster veränderbar, Hunde lernen in jedem Moment ihres Lebens; wenn sie feststellen, dass eine andere Strategie zu mehr Erfolg führt, werden sie diese ab sofort wählen.

Für die Wahl der Strategie gibt es also sowohl eine genetische Komponente, als auch eine gelernte. Das ist ein großer Vorteil; genetisch fixiertes Verhalten kann man auch durch Training nicht ändern, Verhalten jedoch, das durch Lernen und Erfahrung geprägt ist, kann durch Training beeinflusst werden.

Trifft auf einem Spaziergang ein kleiner Welpe einen Junghund, kann man häufig folgende, exemplarische Szene beobachten: Die beiden Hunde dürfen zusammen spielen; wenn der ältere Hund auf den Welpen zuläuft, sucht dieser, ein eher schüchterner Kollege, hinter den Beinen „seines" Menschen Schutz. Da Sozialkontakt allgemein als wichtig angesehen wird, wird der Welpe wieder zum Spielen geschickt. Er versucht, erneut zu flüchten und wird vom „Großen" gestellt und friert ein. Nach kurzem Zögern beginnen beide Hunde ein Spiel, in dem sich der Welpe sehr hektisch bewegt. Nach kurzer Zeit beginnt er auf einmal, den anderen Hund anzuknurren und zeigt Zähne. Schockiert über das unsoziale Verhalten des Welpen wird dieser gepackt, und man verabschiedet sich schleunigst vom Platz des Geschehens. Aber was ist dort eigentlich passiert?

Der Welpe hat eben in Windeseile alle 4 F's ausprobiert und dabei festgestellt, dass sein Problem nur durch „Fight" wirklich gelöst wird. Er war mit der schnellen Kontaktaufnahme des fremden Hundes überfordert und geriet in einen Konflikt. Diese Situation versuchte er erst durch die Methode „Flight" zu lösen, in dem er sich hinter die Beines seines Besitzer stellte; da dies keinen Erfolg hatte, wechselte er zum „Freeze" über, aber auch das brachte ihm nicht den gewünschten Schutz. Nun musste er eine andere Strategie finden und begann ein übertriebenes Spiel (fiddle about); auch dieses löste den Konflikt nicht, so dass dem Welpen nur noch die einzig mögliche Strategie blieb, das „Fight" und knurrt. Diese Strategie war erfolgreich, endlich entstand die erhoffte und dringend benötigte Distanz zu dem anderen Hund.

Diese beschriebene Situation kommt immer wieder in Welpenstunden und auf Spaziergängen vor und kann zum Problem werden; denn der Welpe lernt nicht nur für den Augenblick, sondern für sein ganzes Leben. Er lernt, dass „Fight" der beste Weg ist, seine Distanz einzufordern. Wenn es ein kluger Welpe ist, wird er im Laufe seines Lebens immer früher zu dieser Strategie greifen, um seine Konflikte zu lösen.

Wie kann diese Lernspirale unterbrochen werden? Geschickter wäre, die Hunde sich gegenseitig langsam annähern zu lassen und einzugreifen, als der Welpe das „Flight" zeigte. Bei der ersten Flucht hinter die Beine des Besitzers, hätte dieser seinen Welpen schützen müssen, damit dieser lernen kann, dass diese Strategie erfolgreich ist. Um ein ruhiges Kennenlernen zu ermöglichen, kann man den Junghund langsamer an den Welpen herankommen lassen oder erst einen kurzen Kontakt an der Leine mit anschließender Pause zulassen.

Der rote Bereich

Hier ist der Hund überfordert, sei es, dass er sich in Gefahr sieht, etwas verteidigen muss oder seine Position durchsetzen will. Er ist nicht mehr in der Lage, dies mit „friedlichen" Mitteln zu kommunizieren, sondern zeigt Droh-, Verteidigungs- oder/und Aggressionsverhalten. Es ist gut, wenn Hunde keine Gelegenheit bekommen, dieses Verhalten zu zeigen; leider ist es jedoch oftmals so, dass erst dieses unerwünschte Verhalten deutlich wahrgenommen wird; es kann einfach nicht übersehen und -hört werden. Werden die Gesten eines Hundes jedoch frühzeitig richtig gedeutet, Konflikte im Entstehen entdeckt und durch geschicktes Management umgelenkt, so können die Tiere lernen, ihre Konflikte mit leiseren Tönen zu lösen.

Der rote Bereich zeigt sich manchmal auch in der Strategie „Flucht". Ein Hund mit eingekniffener Rute, rundem Rücken und tiefer Kopfhaltung handelt „rot". Leider ist er meist in der unglücklichen Lage, dass seine Ängste leichter als gegeben hingenommen werden, als die Ängste eines Hundes, der schnappt und verbellt. „Fluchtverhalten" ist einfacher als „Aggression" zu akzeptieren und löst beim Hundebesitzer nicht zwangsläufig Handlungsbedarf aus. Ob der innere Zustand bei „Flight"

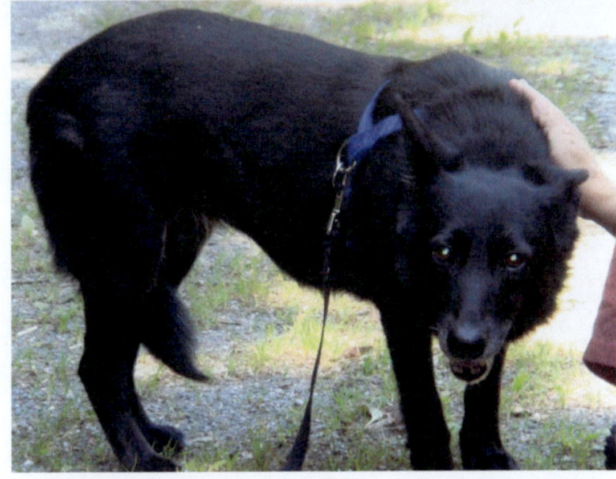

wirklich positiver einzuschätzen als bei „Fight" bleibt fraglich. Auch diese Hunde müssen aus der Situation geholt werden und brauchen Schutz und Unterstützung. Manchmal scheint es, als hätten einige Hunde keine Sprache mehr: Lumpi legt sich beim Anblick eines entgegenkommenden Hundes hin und schaut weg – eine deutliche Botschaft an das andere Tier: „Bitte keinen Kontakt oder bitte einen anderen Kontakt!" Trotzdem kommt der andere Hund ungebremst auf ihn zugelaufen. Auch Fido spricht deutlich: Er hat ein Problem mit anderen Hunden und zeigt dies durch Bellen und Zerren an der Leine. Trotzdem nähert sich der andere Hund. Die beschriebenen Situationen gibt es in ihren Varianten sehr häufig. Wie kann das sein, wenn es doch eine „internationale" Hundesprache gibt, die sogar angeboren ist. Oder gibt es doch keine universelle

Körpersprache, und das Wissen über die Beschwichtigungsgesten ist unvollständig? Oder sind Hunde schlichtweg hinterlistige Burschen, die die Schwäche anderer erbarmungslos ausnutzen? Keine dieser Überlegungen stimmt! Alle Hunde haben dieselbe Sprache; manche jedoch haben sie verlernt.

Dies kann mehrere Ursachen haben:

1. Hunde haben nicht ausreichend Gelegenheit, ihre Sprache mit Artgenossen zu üben. Durch keinen oder nur eingeschränkten Kontakt mit anderen, unterschiedlichen Hunden, können sie ihre Sprache nicht verfeinern und bleiben auf wenige, grobe Vokabeln beschränkt.

2. Durch extreme Zuchten, die dem Menschen gefallen, haben manche Tiere besonders viele Falten und Fell. Diese Hunde können nicht das ganzes Repertoire ihrer Sprache zeigen. Andere Rassen treten durch ihren steifen Gang und die hohe Rute „aggressiv" auf, obwohl dies nicht ihrer inneren Stimmung entspricht. Dies kann zu Missverständnissen führen, wenn Tiere unzureichend Gelegenheit finden, andere Rassen und ihre Erscheinungsformen kennen zu lernen.

3. Andere Tiere wenden ihre Sprache an, werden jedoch dafür bestraft: Auf der Straße treffen sich zwei Mensch-Hund-Paare. Der eine Hund wird langsamer und möchte die Seite wechseln; er bekommt eine Leinenkorrektur und muss weiter „Fuß" laufen. Er lernt hier, dass Beschwichtigen der falsche Weg ist und nicht zum Bedürfnis „Distanz" führt.

4. Manche Tiere haben gelernt, dass ihre Zeichen von der Umwelt ignoriert werden. So versucht ein Hund durch langsames Laufen und Wegschauen dem entgegenkommenden Menschen zu signalisieren „mir ist es zu eng mit dir". Dennoch nähert sich dieser Mensch und versucht, den Hund zu streicheln. Auch dieses Tier macht die Erfahrung, dass leise Töne der Körpersprache nicht helfen.

Körpersprache ist ebenso spannend und vielschichtig wie gesprochene Sprache. Sie zu beobachten und zu analysieren ist ein wichtiger Schlüssel, um Missverständnisse in der Kommunikation zwischen Mensch und Hund sowie Hund und Hund aufzudecken und Konflikte vor der Eskalation umzulenken.

3

ANGST

Der erste Gang zum Tierarzt, Lumpi ist 10 Wochen alt und seit einer Woche bei seinen neuen Besitzern. Im Vorfeld ist mit dem Praxisteam abgesprochen worden, dass dieser Besuch ausschließlich der Gewöhnung an den „Tierarzt" dienen soll, also „nur" eine Übung ohne Untersuchung oder gar Impfung ist. Der kleine Kerl riecht den Braten schon vor der Praxistür und zögert, die Praxis zu betreten; mit ein bisschen Leckerli und Überredungskunst klappt es dann doch. Das Wartezimmer ist spannend und wird von Lumpi vorsichtig erkundet. Dann ist es soweit, die Tür öffnet sich, und Lumpi darf das Behandlungszimmer betreten. Aber er weigert sich, geht mehrmals vor und zurück; mit etwas Geduld ist auch diese Hürde überwunden. Der Tierarzt stellt fest, „Oh, ein ängstlicher Kandidat, gut das Sie zum Üben kommen." Während sich Besitzer und Tierarzt unterhalten, hat Lumpi Gelegenheit, den Praxisraum zu erkunden, vorsichtig und in geduckter Haltung. Dann hebt ihn der Besitzer auf den Tisch, und der Tierarzt kommt näher. Lumpi versucht, sich hinter dem Arm seines Herrchens durch zu drängeln; da er festgehalten wird, gelingt ihm dies nicht. Als ihn dann der Tierarzt streicheln möchte, knurrt Lumpi und erntet die Reaktion des Tierarztes: „Nun wird der Kleine frech, sehen Sie, die Schüchternheit ist schon überwunden; den müssen Sie ordentlich erziehen." Als sich anschließend der Tierarzt mit einem Stethoskop nähert, versucht Lumpi, nach der Hand des Tierarztes zu schnappen. Diese Situation hat genau so stattgefunden und ist vermutlich kein Einzelfall. Ist Lumpis Verhalten wirklich frech, oder gibt es eine andere Erklärung?

Ganz sicherlich hat Lumpis Auftreten nichts mit „frech" oder „dominant" zu tun. Er ist überfordert und zeigt seine Angst deutlich, erst durch Fluchtversuche, mangels Erfolg anschließend durch Verteidigung. „Fligh" und „Fight", zwei Varianten der 4 F's sind also zu beobachten. Den Hund an Tierarztbesuche zu gewöhnen, ist grundsätzlich eine wunderbare Idee; doch sollte sie durchgängig im individuellen Tempo des Hundes stattfinden; wir Menschen neigen manchmal schnell zur Meinung, „jetzt habe das Tier genug Zeit zur Gewöhnung gehabt" und gehen ohne aufmerksame Beobachtung und Einschätzung des Verhaltens unserer Tiere zu schnell zum menschlichen Handeln über. Ein guter Einstieg in das Thema „Tierarzt" wäre gewesen, Lumpi bei jeder Steigerung der Situation ausreichend Zeit zur Gewöhnung zu lassen und ihn dann zu „entlassen". So beginnt man bereits beim Eintreten in die Praxis mit viel Zeit, geht dann weiter ins Wartezimmer und bleibt dort so lange, bis sich der Hund ein wenig entspannt; und dann verlässt man die Praxis ruhig. Beim nächsten Mal geht es vielleicht schon vom Wartezimmer in Richtung Behandlungszimmer, wartet wieder, bis Lumpi ruhiger geworden ist, und geht dann wieder nach Hause.

Bevor über die Entstehung von Angst, den Umgang mit ihr sowie die passende Therapie gesprochen wird, im Folgenden eine kurze Klärung der in diesem Zusammenhang oftmals verwendeten Begriffe „unsicher", „ängstlich", „Angstbeißer" und „Trauma".

Unsicherheit

Ein unsicherer Hund weiß in verschiedenen Situationen nicht, wie er sich verhalten soll und zeigt dies in seiner Körperhaltung und seinem Verhalten. Er hat keine schlechten Erfahrung mit einer Situation gemacht, sondern ihm fehlt das Wissen, wie er diese Situation gut für sich lösen kann.

Angst und Furcht

„Angst" beschreibt ein negatives Gefühl, das ungerichtet, d.h. nicht auf ein bestimmtes Objekt bezogen ist. Steht das negative Gefühl im Zusammenhang mit einem bestimmten Ding, so handelt es sich um „Furcht".

Im täglichen Leben spricht man in der Regel von „Angst", auch wenn es sich im eigentlichen Sinne um „Furcht" vor bestimmten Dingen handelt. Unter einem ängstlichen Hund wird in der Alltagssprache sowohl ein Tier gemeint, das in vielen Situationen und dem Leben allgemein Probleme hat, als auch der Hund, der vor bestimmten Dingen „Angst" hat. Umgangssprachlich ist das sicherlich in Ordnung, für die Therapie ist es jedoch nötig, sich diesen Unterschied bewusst zu machen und zu analysieren, worum es sich konkret handelt.

Scheu

Unter Scheu versteht man eine angeborene, größere Zurückhaltung anderen Lebewesen gegenüber und eine angeborene Vorsicht in sehr vielen Situationen.

Trauma und Phobie

Auch den Begriffen „Trauma" und „Phobie" unterliegt der Unterschied zwischen „konkret" und „unspezifisch": Die „Phobie" beschreibt ein Gefühl, das auf eine bestimmte Situation bezogen ist, während „Trauma" eine generelle übergroße Angst gegen viele verschiedene Dinge und Situationen meint. Auch hier werden die Begriffe im täglichen Leben nicht sauber getrennt. Wichtig ist, dass sowohl die „Phobie" als auch das „Trauma" eine Angststörung bezeichnen, bei der die gezeigten Reaktionen nicht mehr im Verhältnis zum Angstobjekt stehen. Die Reaktionen sind extrem heftig und enden auch nicht mit dem Verschwinden des Angstobjektes. Zum Auslösen der ängstlichen Überreaktion reichen nur Teile des Auslösers; so kann bei einem Hund mit „Hund-Hund-Trauma" bereits der Geruch eines fremden Artgenossen diese heftige Angstreaktion auslösen. Besitzer eines Hundes mit einer „Phobie" oder einem „Trauma" stehen einem deutlich schwererem Problem als Hundehalter ängstlicher und furchtsamer Tiere gegenüber und müssen viel Arbeit und Zeit in die Therapie investieren, um dem Hund dauerhaft zu helfen.

Der kleine Welpe hat einen Katzenbuckel, ein Zeichen der Gewichtsverlagerung nach hinten. Ein erstes Anzeichen von flight.

Die Reihenfolge der beschriebenen Begriffe soll die Steigerung in Bezug auf die Intensität und „Dramatik" verdeutlichen. Sie beginnt mit einem unsicheren Hund, darauf folgen der ängstliche und der scheue Hund. Das traumatisierte Tier stellt die „schlimmste" Form dar. Allen Hunden kann geholfen werden; die Therapien unterscheiden sich jedoch sehr im Aufwand und der benötigten Zeit.

Auch in diesem Buch werden die umgangssprachlichen Begriffe „Angst" und „Trauma" in der allgemein gebräuchlichen Bedeutung genutzt.

Im biologischen Sinne ist Angst eine Emotion, die erst als zweiter Schritt gebildet wird. An erster Stelle steht ein unbewusster Mechanismus, der die Umwelt nach Gefahren absucht und beim Auftreten von Gefahr den Körper aktiviert. Dieser Mechanismus sorgt dafür, dass Gefahren schnell erkannt und auf sie angemessen und rasch reagiert werden kann.

Dies ist die universelle Strategie des Überlebens – Gefahren wahrnehmen und so schnell wie möglich darauf reagieren. Diesen Mechanismus nutzt das im Kapitel „Wahrnehmung" beschriebene System. Dem Mandelkern als Zentrum der Angstreaktion unterliegt die Schlüsselposition bei der ersten unbewussten Reaktion auf Reize.

Wenn ein bestimmtes Verhalten das Überleben sichert, wird es sinnvollerweise weitervererbt und so zu einem typischen Merkmal einer Art. Typische Merkmale der heutigen Arten waren die Überlebensgarantien von Gestern. Ändern sich die Lebensbedingungen, also die Anforderungen an das Überleben, ändern sich auch die typischen Merkmale einer Art; das gilt sowohl für äußere als auch innere Merkmale. Auch unsere Haushunde unterliegen dieser Entwicklung; jedoch verändert sich ihr äußeres Erscheinungsbild schneller, als ihr Wesen und ihre konservativen Eigenschaften wie dem Instinktverhalten. Wie erfolgreich dieser Mechanismus ist, der die Gefahren wahrnimmt, kann man daran erkennen, dass er sich durch das gesamte Tierreich konstant erhält.

Unterbrechen der Tätigkeit →
Hinwenden zur Gefahrenquelle →
Erstarren →
Reaktionen aus Flucht-/Angriffsverhalten

Diese Verhaltenskette zeigen schon einfache Einzeller, und auch wir verhalten uns so. Das Erstarren dieser Angstreaktion ist nicht zwingend das Erstarren der 4F's. Es wird erst anschliessend eine Strategie aus den 4F's gewählt. Dies kann auch Erstarren sein.

Angst stellt ein Problem dar, wenn sie Überhand nimmt und keine sinnvolle, schützende Funktion erfüllt. Die Angst richtet sich dann gegen tägliche Situationen, so dass der Hund nicht mehr unbelastet durch sein Leben gehen kann. So kann beispielsweise die schlechte Erfahrung eines Hundes mit einem Artgenossen nicht nur zu mehr Vorsicht mit anderen Hunden führen, sondern zu Angst, Flucht oder gar aggressivem Verhalten, um sich zu schützen. Angst, die zu Aggression führt, stellt in der Regel unser größtes Problem im Umgang mit ängstlichen Hunden dar. Spätestens jetzt muss gehandelt werden, damit niemand zu Schaden kommt. Das stimmt, aber das primäre Anliegen dieses Buches tritt noch einen Schritt davor: Es möchte Menschen, die mit Hunden in Kontakt kommen für das Thema „Angst" und was wirklich dahinter steht, sensibilisieren, damit nicht nur „aggressiven", sondern auch „zurückweichenden, gesellschaftlich leichter akzeptierten" Angsthunden geholfen werden kann.

Der Mechanismus, der Gefahren erkennt, aktiviert im Körper bestimmte Hormone und Stoffwechselvorgänge. Körperliche Folgen dieser Hormonausschüttung sind Schmerzunempfindlichkeit, Schweißausbrüche, höhere Durchblutung der Muskeln, Deaktivierung des Immunsystems und Urin- und Kotabsatz, um nur einige zu nennen. Diese Folgen sind objektiv nachweisbar und können als Grundlage von Untersuchungen genutzt werden, so dass man nicht vermuten muss, ob ein Tier auf einen Reiz mit Angst reagiert. Angst ist messbar.

Diese beschriebenen Reaktionen auf einen Angstauslöser sind in weiten Teilen des Tierreiches identisch. Für diese Gleichheit gibt es zwei mögliche Erklärungen: Entweder sind die Angstauslöser und die Reaktionen darauf von den Eltern gelernt oder vererbt. Beim Anblick einer Katze zeigen Laborratten eine starke Angstreaktion, obwohl sie und ihre Eltern oder Großeltern in ihrem Leben nie einer Katze begegnet geschweige denn von ihr gejagt worden sind. Es handelt sich also um ererbtes Wissen. Dieses Wissen befähigt das Lebewesen, Gefahren zu erkennen und einzustufen. Durch Versuche mittels Konditionierung wurde nachgewiesen, dass dieser Mechanismus nicht nur ererbtes, sondern auch erlerntes Wissen nutzt. Außerdem konnte man durch geschickte Zuchtauswahl sowohl mutigere Tiere als auch besonders scheue und ängstliche Tiere erhalten. Dies beweist ebenfalls eindrucksvoll, dass Ängstlichkeit und mutiges Verhalten vererbbar sind. Damit wird die Verantwortung der Züchter deutlich; schon bei der Auswahl der Elterntiere und der genauen Betrachtung ihrer Charaktere, also schon vor der Geburt, wird ein großer Teil des späteren Charakters angelegt. Diese „Prägung" findet also bereits vor der gesamten Sozialisierungsphase statt. Dennoch ist es zu einfach, die Ursache für ängstliches Verhalten ausschließlich bei den Elterntieren zu suchen, denn das Verhalten eines Hundes ist beeinfluss- und veränderbar. So kann sich ein sicherer Welpe durch schädigende Haltung, mangelnde Sozialisierung und falsche Erziehung zu einem ängstlichen Hund entwickeln. Ebenso kann es gelingen, einem ängstlichen Welpen durch stützende Aufzucht eine Menge Stabilität zu vermitteln. Das Wesen der Hunde ist nicht schwarz oder weiß; jedes Tier bringt einen bestimmten Wesensrahmen mit zahlreichen Graubereichen mit, innerhalb dessen es sich entwickeln kann. Wohin diese Entwicklung geht, entscheidet die Genetik, das Leben, die Erziehung, die Aufzucht und noch einige andere Einflüsse. Auch erwachsene Hunde sind noch in der Lage, zu lernen und ihr Verhalten zu ändern. So lange ein Hund lebt, lernt er, im positiven als auch im negativen Sinne. Es besteht also immer die Möglichkeit, einen Hund zu beeinflussen.

Der "Wesensrahmen" eines Hundes von grün (sicher) bis rot (ängstlich). Sein endgültiges Wesen kann überall dazwischen liegen. Je nach Elterntieren ist der Rahmen stärker in eine Richtung vorbelastet. Aber es gibt immer einen Spielraum, in dem der Hund sich entwickeln kann. Auch hier spielen Lernen und Erfahrungen eine große Rolle.

Zum besseren Verständnis, was sich im Kopf eines Hundes mit Angst abspielt, möchte ich noch einmal auf die grundsätzliche Wahrnehmung von Dingen eingehen und auf einige Forschungsergebnisse zurückgreifen, die im Rahmen der Angstforschung erzielt worden sind.

Es gibt, wie im Kapitel Wahrnehmung beschrieben, zwei Wege der Wahrnehmung: Der erste ist der schnelle, ungenaue, unbewusste, der einen groben Eindruck über die Situation zum Mandelkern schickt und so das Frühwarnsystem bedient. Bewertet der

Mandelkern diese Information als „gefährlich", erfolgt eine Hormonausschüttung, die den Körper alarmiert und leistungsbereit macht. Diese Entscheidung des Mandelkerns und der unmittelbar folgende Reaktionsmechanismus verläuft blitzschnell, während die Informationen auf dem zweiten langen Weg durch das „neue" Gehirn noch unterwegs sind; dieser zweite Weg führt zur bewussten Wahrnehmung, die wieder an den Mandelkern weitergegeben wird. Bestätigt das „neue" Gehirn die erste Einschätzung des Mandelkerns, so wird der Alarm intensiviert. Funkt es Entwarnung, so stoppt der Mandelkern die erste Alarmierung des Körpers.

Untersuchungen mittels der klassischen Konditionierung sollten Aufschluss darüber geben, wie Angst verarbeitet und neue Angstobjekte erlernt werden. Von „klassischer Konditionierung" spricht man, wenn eine unbewusste Reaktion des Körpers mit einem bis dahin neutralen Reiz verknüpft wird. Ein typisches Beispiel ist der Lidschlussreflex beim Menschen. Bewegt man ein Objekt schnell auf das menschliche Auge zu, so schließt sich das Auge automatisch, der Lidschlussreflex ist aktiviert. Ertönt ein Geräusch, bevor das Objekt auf das Auge zu bewegt wird, so schließt sich das Auge wieder, und gleichzeitig lernt der Mensch, das Geräusch mit der Situation zu verknüpfen. Nach diesem Lernprozess reicht schon das Geräusch, um den Lidschlussreflex auszulösen. Dieser Vorgang ist nicht willentlich beeinflussbar, d.h. der Lidschlussreflex ist mit dem eigenen Willen nicht zu kontrollieren. Das ist der Vorgang der klassischen Konditionierung. Man verknüpft Reflexe, Emotionen und andere unbewusste, körperliche Reaktionen mit einem neuen Auslöser. Nach der Konditionierung wird das unbewusste Verhalten, die Emotion oder der Reflex auch ausgelöst, wenn nur der neue Auslöser erscheint. Diese Art des Lernens findet immer statt und kann weder beeinflusst, ausgeschaltet noch manipuliert werden. Diese Lernform hat man sich zunutze gemacht, um die Angst, ihre Auslöser und die Folgen zu untersuchen.

Vertiefende wissenschaftliche Erkenntnisse finden Sie im Kasten; im Folgenden soll nur ein praktisches Beispiel aus dem Hundetraining besprochen werden.

*Allgemeine Grundlagen der Angst und
deren Lokalisation im Gehirn*

Emotionen sind Reaktionen, die im Zentralnervensystem entstehen; sie sind das Ergebnis einer Beurteilung der über die Sinnesorgane erhaltenen Informationen. Sie befähigen den Organismus, möglichst effektiv in einem bestimmten Kontext zu handeln. Die emotionsbegleitenden körperlichen Veränderungen sind handlungsvorbereitend.

Das im Moment populärste Modell sieht das limbische System als Zentrum der Emotionskontrolle. Zum limbischen System zählt man unter anderem Hippocampus, Amygdala, Septum, Gyrus cinguli und den Gyrus hippocampalis. Neuere Befunde ergeben, dass vorwiegend die Amygdala für die emotionale Reizbewertung und Reaktionsauslösung zuständig ist. Sie erhält über die Kortex „langsame" Informationen, während der Thalamus schnelle „Nachrichten" liefert, und somit die unbewusste emotionale Reizverarbeitung ausgelöst wird. Die Amygdala steht mit verschiedenen Gebieten des Gehirns in Verbindung, unter anderem mit dem Hypothalamus, dem Stria terminalis, dem dorsalen Motornukleus des Nervus vagus und indirekt mit dem Neokortex. Über die ersten drei Bereiche nimmt die Amygdala direkten Einfluss auf die Körperphänomene Herzfrequenz, Atemgeschwindigkeit, Wasser lassen, Stuhlgangkontrolle und andere. Durch die Verbindung zum Neocortex kann die Amygdala auf den Erregungszustand des „bewussten" Gehirns einwirken und Reizverarbeitung, Aufmerksamkeit und die Gedächtnisbildung direkt beeinflussen.

Ablauf der Aktivierung

Angst ist eine emotionale Bewertung von Reizen, die existiert, um Gefahren und Schmerzen zu verhindern. Bekommt das Gehirn Informationen über die Außenwelt, so durchlaufen diese den Thalamus, gelangen von dort entweder in die Amygdala oder den Neokortex. Das Thalamo-Amygdala-Netzwerk arbeitet schneller als der Weg zum Neokortex, da es weniger Umschaltstellen beinhaltet; so kann die Amygdala die Informationen frühzeitiger bewerten und bei Bedarf den Körper über ihre Verbindung zum Hypothalamus aktivieren. Während dessen verarbeitet das Kortex-Amygdala-System den Reiz detaillierter und kann anschließend die erste Reaktion der Amygdala bestätigen oder stoppen.

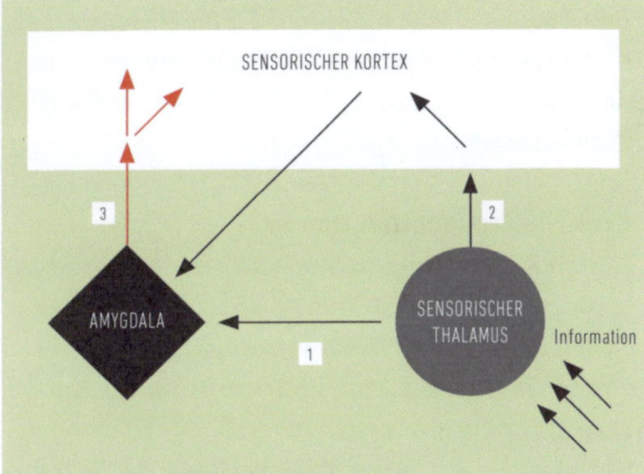

Schematische Darstellung der Reizwahrnehmung

Die Information aus der Umwelt gelangt über die Sinnesorgane in das Gehirn und hier in den Thalamus, von dort aus nimmt sie zwei Wege gleichzeitig. Der schnelle, weniger differenzierte Weg führt direkt in die Amygdala (Thalamo-Amygdala-Netzwerk), der andere leitet die Information über den Kortex zur Amygdala (Kortex-Amygdala-Netzwerk). Dieser Weg hat den Vorteil, äußerst präzise zu sein; hier wird eine genaue Reizunterscheidung getroffen.

Aufgrund der einfachen und schnellen Verschaltung des Thalamo-Amygdala-Netzwerkes werden Reize nicht besonders gut differenziert. So reichen schon Ähnlichkeiten mit dem echten Auslöser aus, um eine Reaktion auszulösen. Die genaue Reizunterscheidung nimmt der lange Weg durch den Kortex vor. Deshalb kann ein Lebewesen Reize unterscheiden und Fehlalarme stoppen.

Die unterschiedlichen Neurotransmitter
Aktiviert die Amygdala den Körper, so werden als erste Botenstoffe Noradrenalin und Adrenalin freigesetzt; Noradrenalin wirkt als Neurotransmitter und als Neurohormon. Adrenalin greift zentralnervös im Gehirn und als Hormon auf verschiedene Körpergewebe ein, indem es aus den Nebennieren in die Blutbahn freigesetzt und im Körper verteilt wird.
Die zweite Klasse der freigesetzten Transmitter sind die Corticoide. Man unterscheidet die Glycocorticoide – hauptsächlich vertreten durch das Cortisol – von den Mineralcorticoiden, deren Hauptvertreter das Aldosterol ist.

Unterschiedliche Schreckreaktionen
Je nach Kontext zeigt sich eine Schreckreaktion durch Erstarren, Flucht oder Angriff. Welche dieser Reaktionen durch einen Stimulus aktiviert wird, hängt von der Tierart, der Situation, dem Stimulus und der Lernerfahrung des Individuums ab.
Untersuchungen zeigen, dass die Stärke der Schreckreaktion nicht nur von der Stärke des Stimulus abhängig ist, sondern auch von den begleitenden Umständen.
Eine Reaktion wird wesentlich stärker ausfallen, wenn während einer Schreckreaktion noch weitere negative oder unangenehme Reize auf das Lebewesen einwirken. Umgekehrt ist es ebenso möglich, die Schreckreaktion durch positive Stimuli abzuschwächen; es besteht also die Möglichkeit der Modulation von Schreckreaktionen.

Um im Hundetraining ein unerwünschtes Verhalten zu beenden, ist die Nutzung von Abbruchsignalen üblich. Man bringt dem Hund ein Geräusch bei, das eine negative Folge ankündigt. Zeigt der Hund ein Verhalten, das unerwünscht ist, macht der Besitzer das konditionierte Abbruchsignal, und der Hund wird die unerwünschte Handlung beenden. Dies funktioniert in der Regel recht „gut", da das Tier ein so genanntes Gefahrenmeideverhalten zeigt. Erschrecken Tiere oder erwarten sie eine negative Konsequenz, dann erstarren sie. Sie beenden also ihre Handlung, die sie gerade gemacht haben. Das ist der Anfang des Gefahrenmeideverhaltens oder anders gesagt, der Anfang der Angstreaktion. Das Training setzt also auf Angst und Druck.
Häufig wird dieses Gefahrenmeideverhalten zum Training genutzt, ohne dass den Hundehaltern dies bewusst ist. Am Anfang wird mit den Diskscheiben oder der Wurfkette geklappert, später werden diese Dinge direkt auf oder neben den Hund geworfen. Der Hund soll das Klappern mit dem anschließenden Erschrecken oder Schmerz verknüpfen. Nach ein paar Versuchen wird das Klappern alleine reichen, den Hund zu erschrecken. Das Erschrecken soll dazu führen, dass der Hund ein Meideverhalten zeigt, er bleibt stehen und versucht möglichst nichts mehr zu tun. Das ist die Idee hinter Wurfketten, Disks und Klapperdosen. Jedes Mal, wenn das Tier eine Handlung begeht, die der Mensch nicht möchte, produziert er das Klappern, und der Hund zeigt Meideverhalten und unterbricht seine Handlung.
Die Wurfdisk wird über klassische Konditionierung dem Hund als aversiver Reiz beigebracht. Um dieses zu lernen, muss das Hundegehirn nur den einfachen schnellen Weg nutzen. Der Mandelkern lernt dies schnell. Um Überleben zu können, muss er Gefahren schnell erkennen können.
Das Ohr nimmt das Geräusch der Disk wahr und leitet es in den entsprechenden Gehirnbereich, von dort wird das Geräusch unter anderem direkt auf dem schnellen Weg zum Mandelkern geleitet. Durch die nachfolgende unangenehme Erfahrung wird der Mandelkern sehr schnell das Geräusch als Angstauslöser erkennen.
Nun reicht das Hören dieses Klapperns, damit der Mandelkern Alarm schlägt, und der Hund je nach Typ

beim Klappern Angst und Erstarren zeigt. Dazu muss das neue Gehirn nicht einbezogen werden. Zum Wiedererkennen des Klappergeräusches reicht der schnelle, direkte Weg. Aber der Mandelkern „sieht" nicht nur schlecht, er hört auch ungenau; so werden nach kurzer Zeit alle klappernden Geräusche mit einbezogen, und der Hund reagiert auch auf diese mit Erschrecken. Hier ist der Grundstein gelegt für viele geräuschempfindliche und -ängstliche Hunde. Der Mandelkern kann Geräusche nicht gut unterscheiden, so dass Schreckreaktionen schnell verallgemeinert werden. Man läuft also Gefahr, dass der eigene Hund später auch auf andere Geräusche mit Angst und Gefahrenmeideverhalten reagiert – das ist für den Hund ein extrem hoher Stress – und für den Besitzer meist ebenfalls sehr belastend. Soll ein Hund Geräusche unterscheiden lernen, also wissen, ein Geräusch bedeutet Gefahr, ein anderes nicht, bedarf es nicht nur der Aktivität des Mandelkerns, sondern ebenso der des neuen Gehirns. Der Reiz muss auch in der sensorischen Rinde verarbeitet werden, und diese nimmt anschließend Einfluss auf den Mandelkern. Je nach Geräusch stoppt oder bestätigt sie die Alarmreaktion des Mandelkerns. Für das Training bedeutet dies, man muss dem Hunde viele andere Geräusche positiv bestätigen, um eine Generalisierung des „Klapperns" zu verhindern. Als Folge dieser trainierten Geräuschunterscheidung könnte dann das neue Gehirn eine „falsche" Alarmreaktion des Mandelkerns stoppen. So kann man einer allgemeinen Geräuschangst vorbeugen. Meist ist es aber so, dass wir uns von Hause aus aufregen, wenn uns Schlüssel herunterfallen, wenn Teller zu Bruch gehen oder Messer vom Tisch fallen, alles klappernde Geräusche. Wir schimpfen oder erschrecken uns selbst; so geschieht es, dass auch der neue Teil des Hundehirns irgendwann Klappergeräusche für gefährlich einstuft und dem Mandelkern entsprechend bestätigt. Fertig ist der geräuchempfindliche Hund. Also Finger weg von allen „erschreckenden" Mitteln, Disk, Wurfketten, Klapperdosen und der Dinge mehr. Die Gefahr einer Fehlverknüpfung und Generalisierung ist viel zu groß.

Wie eine unerwünschte Handlung ohne das Lernen von Gefahrmeideverhalten gestoppt werden kann, wird in Kapitel 6 erklärt.

Von der Wahrnehmung über die Alarmierung zur Angstreaktion

Der Hund nimmt über seine Sinne Reize aus der Umwelt wahr: diese werden durch den Mandelkern ständig auf Anzeichen von Gefahren kontrolliert, noch bevor der Hund weiß, um welchen Reiz es sich überhaupt handelt (s. Wahrnehmung). So geht man zum Beispiel mit Waldi spazieren und sieht einen entgegenkommenden Hund. Waldi erstarrt und beginnt zu bellen; Ursache kann sein, dass Waldi scheu ist (s. Genetik), schlechte Erfahrung mit anderen Hunden gemacht oder durch den Menschen falsche Verknüpfungen im Zusammenhang mit Hunden gelernt hat. Unabhängig davon reagiert der Mandelkern auf den Auslöser „Hund" mit der Alarmierung des Körpers; Hormone werden aktiviert, diese führen wiederum zur Freisetzung anderer Botenstoffe, der Blutdruck steigt, die Muskeln werden besser durchblutet, die Herzfrequenz erhöht, Schweißpfoten entstehen und und und. Stoppt das neue Gehirn diese Reaktion, weil es bei genauerem „Hinsehen" erkennt, dass es sich bei der vermeintlichen Gefahr „Hund" um einen bekannten angenehmen Artgenossen oder vielleicht nur um eine Handtasche handelt, so wird die Hormonproduktion sofort gestoppt. Das Tier beruhigt sich wieder. Es kann aber auch sein, dass der Hund genau mit diesem Tier bereits schlechte Erfahrungen gemacht hat, sein „Leinenhalter" in solchen Situationen immer besonders hektisch wird, am Halsband reißt, den Hund anschreit oder die Genetik beim Anblick „warnt", so gibt das neue Gehirn dem Mandelkern Recht und bestätigt die Gefahr dieser Situation: Die Reaktion des Mandelkerns wird nicht gestoppt, sondern unterstützt! Die Hormonproduktion wird erhöht, und die Reaktionen des Körpers werden stärker. Meist verändert sich auch das äußere Verhalten; Waldi bellt nicht mehr an der Leine, er tobt und springt nach vorne. Führt dieses Verhalten immer noch nicht zur gewünschten Konfliktlösung und der angstauslösende Reiz kommt immer näher, so schlagen wieder Mandelkern und neues Gehirn Alarm – sprich immer mehr Hormone überfluten den Hund, und die Reaktionen werden immer heftiger. Biegt der Hundebesitzer mit dem fremden Hund ab, stoppt das neue Gehirn den Mandelkern, und die Hormonproduktion kommt zum Erliegen. Man sieht, dass die Hormonausschüttung sehr gut kontrolliert und immer wieder durch Regelkreise angepasst wird. Zusammenfassend lässt sich sagen: Je größer die Bedrohung ist, desto mehr Hormone und Aktivierung braucht und bekommt der Körper. Das ist unter Umständen überlebenswichtig.

Wie der Hund reagiert, welche der 4 F's er in seiner Angst zeigt, ist von seiner Genetik und seinen Erfahrungen abhängig.

Die unter Angst freigesetzten Hormone sind „Stresshormone", die nicht einfach „weg" sind, wenn das Angstobjekt verschwunden ist. Damit steht Angst in einem engen Zusammenhang mit Stress. Diese Hormone verbleiben längere Zeit im Körper und sind währenddessen auch aktiv. Welche Hormone dies im Einzelnen sind und wie sie im Körper wirken, werden wir im Kapitel Stress noch genauer betrachten. Je nach Menge der Hormone, die ausgeschüttet werden, kann es zwischen drei bis sechs Tagen, bei ängstlichen Hunden sogar viel länger, dauern, bis der Körper wieder frei von ihnen ist; und das ohne erneute Stress- oder Angstsituationen. Das bedeutet, innerhalb dieser Tage hat der Hund eine geringere Toleranz gegenüber Reizen und reagiert stärker auf schwierige Situationen. Waldi hat beispielsweise kein Problem mit Hunden, die auf der anderen Straßenseite laufen, nur auf Hunde in zwei Meter Entfernung reagiert er mit Bellen. Der oben beschriebene Vorfall kann dazu führen, dass Waldi die nächsten Tage auch Hunde auf der anderen Straßenseite anbellt. Diese Reaktionen sind nicht die Folge eines größeren Problems, sondern der erhöhten Hormonwerte im Blut.

Das zweite Problem, das aus dem oben geschilderten Beispiel erwachsen kann, hängt mit den 4 F's zusammen. Kommt der Hund in einen Konflikt, weil er nicht weiß, wie er mit einer Situation umgehen soll, oder wird er mit einem Angst auslösenden Objekt konfrontiert, so wird er ein Verhalten aus den 4 F's wählen. Wir erinnern uns: Welches als erstes gewählt wird, hängt vom Individuum und seinen Erfahrungen ab. Und genau da lauert eine Falle: Der Hund lernt, welche Strategie am besten passt, indem er sie durchprobiert. Ein Beispiel soll dies verdeutlichen:

Beim morgendlichen Spaziergang begegnen sich zwei Nachbarn mit ihren Hunden. Sie sehen sich, bleiben stehen, schicken ihre Tiere ins „Sitz" und beginnen mit einem kurzen Gespräch. Einer der Hunde fühlt sich nicht wohl, er kennt das andere Tier nicht gut, und ist auch einige Male von anderen Hunden gebissen worden. Er löst das „Sitz" auf und versucht, weg zu gehen. Die Leine stoppt ihn, sein Besitzer schickt ihn wieder ins „Sitz". Der Hund hält das Kommando wieder für einige Minuten durch, beginnt dann, in die Leine zu beißen und springt schließlich am Besitzer hoch. Wieder soll er sitzen; nun bleibt er tatsächlich sitzen, wird aber zunehmend unruhig; er starrt das andere Tier an und beginnt schließlich zu knurren. Nun wird Herrchen ärgerlich, schimpft und geht genervt mit seinem Tier davon.

Was ist hier wirklich abgelaufen, und was hat das mit Angst zu tun?

Nachbars Hund zeigt von Anfang an sein Unwohlsein. Er versucht, mehr Distanz zwischen sich und dem anderen Hund aufzubauen (Flight). Diese Strategie ist aber nicht erfolgreich. Als nächste Möglichkeit wählt er das „fiddle about" und beißt in die Leine, er „spielt". Auch das hilft ihm nicht aus der ängstigenden Situation heraus. Nun beginnt er, seine Unsicherheit deutlicher zu zeigen (Fight) und knurrt den anderen Hund an. Das hat Erfolg. Der Hund macht die Erfahrung, dass "Fight" die beste Strategie ist, denn sie hatte als einzige den gewünschten Erfolg gebracht. Beim nächsten Mal wird das Tier schneller zu dieser Strategie greifen! Viele Problemhunde haben nachweislich früher nicht aggressiv reagiert, sondern sind „unter die Räder gekommen"; so lernten sie bereits in Welpengruppen, dass Verstecken keinen Erfolg bringt. Man kann nicht vorhersagen, wann ein Hund lernt, seine Strategie zu ändern. Dieser Wechsel kann sehr schnell geschehen, aber es kann auch Jahre dauern, bis sich ein Hund traut, ins Fight zu kippen. Vielfach dauert es bis zum Erwachsenwerden des Hundes, je nach Rasse mit ungefähr zwei bis drei Jahren, bis er sicher genug zum Fighting ist.

Immer, wenn man merkt, dass der Hund mit einer Situation überfordert ist und ängstlich reagiert, sollte man die Situation so verändern, dass sich der Hund wohlfühlen kann. Und dies muss unbedingt noch zu einem Zeitpunkt geschehen, an dem der Hund noch gute Strategien anzeigt. Seine Angst wird so nicht verschlimmert. Bei einem Tier, das vor bestimmten Dingen oder Situationen Angst hat, ist es der beste Weg, ihm seine Angst durch ein schützendes Management im Alltag kombiniert mit einem speziellem Training zu nehmen. In diesem Training geht man Schritt für Schritt, langsam und vorsichtig vor und nimmt so dem Hund die Angst vor der Situation. Allerdings geht das nur in plan- und kontrollierbaren Trainingssituationen, in denen der Hundebesitzer oder Trainer die Kontrolle hat. Der Alltag dagegen bringt unvorhersehbare Überraschungen. Mit einer Kombination aus Schutz und Training kann man dem Hund Sicherheit und Vertrauen geben, so dass später auch Alltagssituationen wieder leichter bewältigt und das Management reduziert bzw. ganz abgebaut werden kann. Viele Menschen wollen immer mit allen Mitteln zeigen, dass sie die „Rudelführer" sind, dabei vergessen sie jedoch leider, dass Schutz der anderen Rudelmitglieder die Grundaufgabe des Rudelführers ist.

Bei der Untersuchung des Angstgedächtnisses sind einige interessante Details herausgefunden worden. Auch bei der Angstspeicherung zeigen sich Unterschiede in der Arbeit von Mandelkern und neuem Gehirn. Der Mandelkern merkt sich nur sehr wenige Details des Geschehens; ein Hund macht beispielsweise schlechte Erfahrung mit Männern, die einen Stock in der Hand halten. Der Mandelkern merkt sich „Männer" als Angstauslöser. Details wie Alter, Stock, Körperhaltung usw. werden dagegen nicht mitgelernt – kein Wunder bei der ungenauen Abbildung und Leitung des Mandelkerns. Der Hund reagiert anschließend mit Erstarren und einer ersten Alarmierung des Körpers auf alle Männer. Aber auch Hunde haben einen neuen Gehirnteil, dieser hat sich alle Details der schlechten Begegnung gemerkt. Er stoppt immer wieder die erste Alarmierung des Mandelkerns, wenn Männer freundlich sind, keine Stöcke tragen, Bekannte sind oder die Situationen anders als die ursprüngliche ist. Hier zeigt sich wieder, wie hilfreich und erfolgversprechend Training und Therapie eines Hund mit Angstproblemen

sind. Der neue Gehirnteil kann unterstützt werden, indem das Angstobjekt wiederholt positiv belegt wird. So werden die Situationen ohne Hormorausschüttung zunehmen, da diese nach dem ersten Erschrecken gestoppt wird.

Bei der menschlichen Angstforschung hat man herausgefunden, dass am Anfang die Erinnerungen an negative Erlebnisse emotionslos gespeichert und erst später, beim nächsten Erleben oder Erzählen mit den dann gemachten Emotionen belegt werden. Will man diese Ergebnisse auf Tiere und speziell auf Hunde übertragen, so nähert man sich dem Bereich der Verhaltensbiologie, in dem man sich dem Vorwurf der Vermenschlichung stellen muss. Diese Gefahr sehe ich nur bedingt; Hunde haben ein Säugetiergehirn, das in weiten Bereichen „baugleich" ist. Immer mehr Untersuchungen zeigen, dass auch Tiere eine Erwartungshaltung an ihre Umwelt haben. So wiesen Beagle, die in einem Untersuchungslabor negative Erfahrungen gemacht haben, beim erneuten Besuch des Labors einige Wochen später deutlich höhere Stresshormonwerte auf, als beim eigentlichen Versuch. Ich finde es akzeptabel festzustellen, dass Hunde ebenfalls keine starren Erinnerungen haben. Ihre Erinnerungen beeinflussen ebenfalls die Einschätzung des jetzigen Erlebens, und das jetzige Erleben färbt die Erinnerungen. Geht man mit den eigenen Hunden spazieren, so kann man beobachten, dass sie an Orten, die sie mit positiven Dingen verknüpft haben, anders reagieren, als an Plätzen, an denen sie in Konflikte geraten sind. An diesen „negativen" Orten zeigen sie eine erhöhte Alarmbereitschaft; vielleicht reichen bereits ungewöhnliche Geräusche zum Auslösen von Erschrecken und Angst aus. Diese Reaktionen sind auch abhängig von der eigenen Reaktion. Reagiert der Besitzer gelassen, so kann man diese „Kettenreaktion" stoppen. Wird man selbst auch hektisch, gestresst und dem eigenen Hund gegenüber lauter und rauer, so wird die jeweilige Erinnerung und die negative Verknüpfung mit dem Ort bzw. dem Angstobjekt verstärkt. Das ist keine Vermenschlichung von Hunden, sondern eine reine Beobachtung.

Diese Erkenntnisse zeigen deutlich, wie wichtig es ist, bei der Angsttherapie mit sich selbst zu beginnen.

Der Mensch als Besitzer eines Problemhundes muss mit Ruhe und überlegt auf seinen Hund einwirken. Er darf die negativen Verknüpfungen des Hundes nicht weiter verstärken. Das klingt leichter als getan. Denn nicht nur der Hund gerät durch seine Angst in Stress, sondern auch der Mensch durch das Verhalten des Hundes; keine optimale Grundlage für ruhiges und überlegtes Handeln. Das heißt, der Besitzer muss als erstes an sich selbst und seinen Reaktionen arbeiten, er sollte sich Notfalllösungen überlegen, die positiv und bedacht dem Tier helfen, nicht weiter in die Krise zu rutschen. Das ist eine sehr mühsame Aufgabe, die sich aber lohnt. Hilfreich ist es, die eigenen Reaktionen zu beobachten und zu ändern. Vorausschauendes Handeln und Denken helfen oftmals, da Krisen oft schon zu erkennen sind, bevor sie wirklich passieren. Für die Situationen, die man trotz aller Umsicht nicht vorhersehen kann, werden im Trainingsteil noch Notfalllösungen vorgestellt. Wenn man es als Mensch nicht schafft, im Stress einen klaren Kopf zu behalten, wie soll es dann unseren Hunden gelingen?

Was ist bis jetzt über Angst besprochen worden, und wie kann man dieses Wissen für die Therapie nutzen? Angst ist ein Gefühl, das Lebewesen vor Gefahren schützen soll. Grundsätzlich ist sie gut, lebenswichtig, denn sie macht Lebewesen vorsichtig und ihre Körper leistungsbereit. Es gibt eine universelle Antwort auf „Angst", das Erstarren. Es ist wichtig, jedes Erstarren eines Hundes ernst zu nehmen, denn es ist mehr als nur eine Beschwichtigungsgeste; es ist ein Anzeichen, dass irgendetwas nicht mehr stimmt. Zum Teil löst sich diese Erstarrung wieder auf, zum Teil ist sie der Start zu einer heftigeren Angstreaktion, Flucht oder Verteidigung. Ein Erstarren muss nicht mehrere Sekunden andauern, zum Teil verändern sich nur für Bruchteile einer Sekunde die Bewegung und Atmung des Hundes, und dann geht es schon in die Verteidigungs- oder Fluchtreaktion. Dieses Erstarren muss man erkennen lernen, denn es ist ein Vorbote des Problemverhaltens; hier kann in der Regel noch eingegriffen werden. Die Grundlage dafür ist die Beobachtung des eigenen Hundes. Hat man gelernt, den eigenen Hund und Hunde im Allgemeinen zu lesen und zu verstehen, fallen einem selbst kleine Veränderungen im Verhalten

deutlicher auf; so kann auch kurzes Erstarren rechtzeitig und der Problemauslöser erkannt werden. Das erleichtert das Handling im Alltag; denn viele „Überraschungen" sind bereits bekannt und können entschärft werden, bevor sie eskalieren; zusätzlich kann das Training zielgerichtet und konkret auf das Problem ausgerichtet werden.

Das erste Erschrecken des Hundes wird man nicht ändern können, aber die weiteren Verhaltensreaktionen sind beeinflussbar. Durch Analyse des Angstauslösers und gezieltem Training kann dem neuen Gehirnteil sehr viel mehr Einfluss gegeben werden; und in zunehmend mehr Situationen wird dem ersten Erschrecken keine Eskalation folgen. Die konkrete Durchführung von der Ursachenforschung bis hin zu Training und Therapie, wird im Kapitel 6 und 7 genauer beschrieben. Wichtig ist, als Hundebesitzer eine gehörige Portion Geduld zu haben, die Bereitschaft den Alltag zu verändern und viel Verständnis für Hundebedürfnisse im Allgemeinen und die des eigenen Hundes im Besonderen mitzubringen.

Ohne genauer auf einen Therapie- oder Trainingsablauf eingehen zu wollen, im Folgenden ein paar Gedanken: Wenn ein Hund Angst zeigt, sollte er nicht durch die Situationen, die ihm offensichtlich Angst bereiten, gezwungen werden hindurch zu gehen. Er wird so nichts lernen, außer vielleicht, dass diese Situationen wirklich unangenehm sind, und er ihnen hilflos ausgeliefert ist – eine gute Grundlage, aus einer Angst eine erlernte Hilflosigkeit zu machen, bei der der Hund irgendwann aufgibt und einfach passiv am Leben teilnimmt, weil er merkt, dass er auf sein Leben und auf die Gefahren keinen Einfluss hat; ein grässliches Bild, kein Hund, den man sein Eigen nennen möchte und auch weit vom „besten Freund des Menschen" entfernt. Bis ein Trainingsplan aufgestellt ist, geht man diesen schwierigen Situationen aus dem Weg. Konfrontationen sollten vermieden werden, denn im Zweifelsfalle lernt der Hund in diesen Situationen das Falsche; und bitte keine neuen negativen Erlebnisse mit dem Angstauslöser verknüpfen und das Angstgedächtnis „ungesund" füttern. Stattdessen ist jetzt Management angesagt; angefangen von dem Weg, den man für die Gassirunde wählt, über die Leinenarbeit, Ausweichen und bis hin zur Uhrzeit. Dieses Management bleibt nicht das ganze Hundleben bestehen, aber es ist der Anfang zur erfolgreichen Verhaltensänderung.

Der Therapieerfolg hängt sehr stark von der Schwere der Angst ab; je nach dem, ob es sich um eine Unsicherheit oder ein Trauma handelt, müssen die Ziele unterschiedlich gesetzt werden. Es wird wohl nicht gelingen, einen Hund, der durch Menschen traumatisiert ist, zu bewegen, mit Freude und Leichtigkeit Fremden auf den Schoß zu klettern und zu schmusen – aber das ist auch nicht nötigt. Kann dieser Hund eine gute Bindung mit einem neuen Besitzer eingehen und reagiert bei fremden Kontaktpersonen mit Ruhe und ohne Panik, so ist das ein Riesenerfolg und beschert Hund und Besitzer ein schönes Leben. Viele Tierschutzhunde versetzen einen in Bezug auf ihre Entwicklung und Überwindung ihrer Ängste immer wieder in Erstaunen. Vor allem braucht es Geduld, ein Trainingskonzept und Zeit.

Das Thema „Verantwortung" ist ein weiterer wichtiger Punkt, nicht nur im Umgang mit Angsthunden. Viele Menschen, die ihre Hunde lieben, fällt es schwer, sie zu erziehen. Für sie ist die Methode „positive Bestätigung" fälschlicher Weise ein Synonym für „antiautoritäre Erziehung". Man hat für die eigenen Hunde ebenso wie für seine Kinder die Verantwortung, sie zu erziehen. Das bedeutet, konsequent, ohne Druck, Gewalt oder andere Zwangsmaßnahmen die Stellung als Eltern und Hundebesitzer einzunehmen. Ein ängstlicher Hund ist nicht in der Lage, irgendeine Entscheidung zu treffen. Daher muss der Hundehalter die gesamte Verantwortung für die beängstigende Situation übernehmen. Außerdem muss er dafür sorgen, dass der eigene Hund gut aus dem Konflikt kommt und niemand zu Schaden kommt. Er übernimmt die Führung und überlässt sie nicht seinem Hund. Ist der eigene Hund von einer Situation „nur" überfordert, so kann dem Tier ein kontrollierter Entscheidungsfreiraum ermöglicht werden; so lässt man z.B. einen unsicheren Hund beim Erscheinen eines Artgenossen entscheiden, ob er auf der dem Hund zugewandten oder abgewandten Seite vorbeilaufen möchte, während man selbst das grundsätzliche Weitergehen beschlossen hat. Ein unsicherer Hund bekommt nur ein Minimum dieser Verantwortung. Doch auch bei einem sicheren Hund liegt die volle Verantwortung für alle Situationen beim Menschen, der vorausschauend Gefahren umgehen und über Ver- und Gebote Bescheid weiß.

Im Folgenden eine Zusammenfassung der Versuchsergebnisse über das Thema Angst und ihre Bedeutung im Alltag

1.

Das Gefahren-Meide-Schema: Unterbrechung der Tätigkeit – Hinwendung zur potentiellen Gefahrenquelle – Erstarren – und je nach Distanz zur Gefahrenquelle Angriff oder Flucht.
Während der Hund spazieren geht, begegnet er einem anderen Hund, bleibt stehen, wendet sich ihm zu, erstarrt und fällt je nach der Distanz zwischen den beiden Artgenossen in Flucht-, Angriffs- oder. Verteidigungsverhalten. Viele unserer angeblich aggressiven Hunde greifen nicht aus „Dominanz" an, sondern fallen aus Angst in ein Verteidigungsverhalten.

2. *Man kann durch die Wahl der Elterntiere beeinflussen, ob der*
 Grundcharakter der Tiere mutig oder scheu ist.
Es wird immer geraten, einen kritischen Blick auf die Eltern des Welpen zu werfen, den man aufnehmen möchte. Viele Züchter und Zuchtverbände sind sich leider dieses Zusammenhanges und der damit verbundenen Verantwortung nicht bewusst. Zusätzlich entsprechen viele Rassemerkmale nicht den heutigen Bedürfnissen – siehe die gewollte Schärfe beim Deutschen Schäferhund.

3. *Die Angstkonditionierung läuft nach den gleichen Gesetzmäßigkeiten wie alle klassischen Lernphänomene ab; der Unterschied ist jedoch, dass der „Lernstoff" deutlich schneller erlernt wird.*
Ein aufgeregter Welpe begrüßt seinen Besitzer nach dessen Abwesenheit stürmisch. Ihm wird aus Versehen auf die Pfote getreten. Der Welpe wird flüchten und sich je nach Charakter sehr demütig, unterwürfig, beschwichtigend, dem Besitzer wieder annähern oder ganz vor ihm zurückschrecken. Er wird auch bei den nächsten Begrüßungen am selben Ort sehr stark beschwichtigen.

4. *Das Tier merkt sich nicht nur den angstauslösenden Reiz, sondern auch dessen Begleitumstände; anschließend reichen diese bereits aus, um eine Angstreaktion auszulösen.*
Im letzten Beispiel wird sich der Welpe neben dem Besitzer als solches auch seine Kleidung, die Körperhaltung, den Ort des Geschehens und wo möglich auch die Tageszeit als angstauslösende Faktoren in Erinnerung behalten.

5. *Das Angstzentrum „Mandelkern" hat eine schlechte Reizunterscheidung und antwortet schon auf sehr „unscharfe" Reize.*
Die Informationsverarbeitung des eingehenden Reizes über das neue Gehirn nimmt dagegen die Feinheiten des Reizes wahr und kann zwischen bedrohlich und harmlos bis ins Detail unterscheiden. Falsche Alarme können so gestoppt werden.
Beim abendlichen Spaziergang im Dämmerlicht kommt ein seltsamer Schatten mit riesigen Ausmaßen entgegen. „Ok, das ist die Nachbarin mit zwei großen Einkaufstaschen rechts und links", entwarnt das neue Gehirn.

6. *Die erste Reaktion des Mandelkerns auf eine Gefahr ist die Aktivierung der Adrenalinkaskade; Adrenalin wirkt auf bekannte Weise auf den Körper; darüber hinaus hat er über einen weiteren Botenstoff, dem Noradrenalin, auch Einfluss auf das Gehirn.*
Noradrenalin fördert das Lernen, in dem es Zusammenhänge an stark emotionale Ereignisse koppelt; das ist der Grund, weshalb diese so gut gespeichert werden. Ein Spaziergang führt an einer Schafweide entlang; es kommt, wie es kommen muss, die Hundenase gerät an den Schafzaun. Abgesehen von der ersten Fluchtreaktion, wird sich der Hund diese Stelle des Spaziergangs gut merken und noch lange Zeit später an diesem Ort anzeigen, dass er hier ein emotional stark belastendes Erlebnis hatte.

7. *Je mehr eine Situationen der der Konditionierung gleicht, umso stärker ist die Furchtreaktion des Tieres.*
Der oben erwähnte Hund mit negativer Erfahrung am Schafzaun wird sich bei dem darauffolgenden Spaziergang nur mit Mühe an der Weide vorbei trauen. Ist die Schafkoppel dagegen leer, die Tageszeit und die Kleidung des Hundehalters anders, wird im das Passieren vermutlich leichter fallen.

8. *Es gibt Objekte, auf die besonders schnell und relativ „therapieresistent" mit Angst reagiert wird. Es handelt sich um „evolutionär sinnvolle" Objekte; beim Menschen sind dies z.B. haarige Objekte.*
Erschreckt sich der Hund vor einem Briefkasten, ohne dass er je eine schlechte Erfahrung mit ihm gemacht hat, reicht es meist aus, den Briefkasten zu „streicheln", um diese Angst zu beheben. Haben wir es dagegen mit einer Hund-Hund-Angst zu tun, mildert das Streicheln des fremden Artgenossen sicherlich nicht die Angst.

9. *Die Erinnerung an vergangene emotionale Erlebnisse baut sich stufenweise auf. Am Anfang sind die Erinnerungen noch emotionslos. Sie werden durch die beim Wiedererleben oder Erinnern ausgelösten Emotionen „gefärbt".*
Wie sehr sich der obige Hund durch seine eigenen Erinnerungen an die schmerzhafte Begegnung mit dem Schafzaun selbst negativ manipuliert, können wir nicht wirklich feststellen. Auch kann er uns nicht sagen, was in ihm vorging. Sicher ist jedoch, dass die Angst zunehmen wird, wenn er beim nächsten Spaziergang an der Schafkoppel weiteren Stress erlebt wie Schimpfen oder Rucken an der Leine; Ruhe und überlegtes Handeln sind entscheidend.

10. *Die erste körperliche Reaktion auf ein ängstigendes Objekt ist nicht therapierbar.*
Man kann nur an der bewussten Wahrnehmung eines Reizes arbeiten und durch die Stoppfunktion über das neue Gehirn möglichst vielen Situationen ihren Schrecken nehmen.
Haben wir einen Hund mit einem Angstproblem, so wird er beim Anblick dieses Objektes immer als unbewusste Reaktion auf den Reiz erschrecken. Was wir aber erreichen können ist, dass in zahlreichen Situationen und bei ganz vielen Objekten sein Hippocampus sagt: „Keep cool, alles in Ordnung." Das bedeutet viel Arbeit. Und es hängt viel davon ab, wie ruhig und überlegt wir in diesen Situationen reagieren.

4

STRESS

Das Wort „Stress" ist in aller Munde. Jede schlechte Stimmung und unangenehme Situation wird als „stressig" bezeichnet; man fühlt sich „gestresst" und kann vor lauter „Stress" nicht mehr klar denken. Dieses moderne Phänomen ist hier nicht gemeint, sondern der biologische Vorgang „Stress" im Körper.

In diesem Zusammenhang stellt Stress eine messbare Reaktion des Körpers auf bestimmte innere oder äußere Einflüsse dar. Wichtig ist dabei zu wissen, dass Stress auf den gesamten Organismus wirkt, also sowohl auf den Körper mit entsprechenden körperlichen Folgen als auch auf das Gehirn, wo er sich im Verhalten niederschlägt.

Der Gedanke von Stress ist kein neuer Gedanke, schon Darwin kannte dieses Phänomen und sah darin den Motor der Evolution. Er sprach von „Selektionsdruck" oder Stress, der Lebewesen immerfort zwingt, sich anzupassen, anderenfalls sterben sie früher oder später aus.

Das Leben auf der Erde ist im steten Wandel. Je intensiver sich dieser Wandel vollzieht, um so flexibler müssen die Lebewesen reagieren; die Überlebenschance steht so im direkten Zusammenhang mit der Fähigkeit, sich schnell und klug an die Umweltgegebenheiten anzupassen.

Seit der Entwicklungsstufe der Wirbeltiere haben die Lebewesen durch die Flexibilität ihrer Gehirne ihre Möglichkeiten zur Veränderung erweitert. Das Gehirn reagiert auf die äußeren Änderungen mit der Freisetzung von Hormonen, die die Freisetzung von Stresshormonen bewirken. Diese aktivieren die letzten Reserven des Körpers und können so helfen, bedrohliche Situationen zu lösen. Stresshormone und die dadurch aktivierte Stressreaktion des Körpers dienen also der Sicherung des Überlebens. Ist es dann ein Widerspruch, dass Tiere und Menschen unter Stress leiden?

Nein, denn Stresshormone haben die Funktion, im gefährlichen Situationen eine schnelle Reaktion zu ermöglichen. Bleibt dieser Notfall bestehen, so bringt die einmalige Aktion keine Entlastung; die eigentlich positive und hilfreiche Wirkung wird zum „Dauerbrenner", und der Körper bleibt in dieser Erregung. Damit ist Dauerstress das eigentliche Problem, er macht krank und führt zu den bekannten Stresserkrankungen, Unfruchtbarkeit und im schlimmsten Fall zum Tod. Nicht jeder Stress hat jedoch diese Folgen.

Schon immer gab und gibt es Möglichkeiten, dem Dauerstress und seinen negativen Folgen zu entgehen. Eine Möglichkeit ist die „biologische Nische", ein Lebensraum, in dem das Lebewesen seinen Bedürfnissen entsprechend leben und existieren kann. Es kann sich hierbei auch um eine Überlebensstrategie handeln, die hilft, sich dem äußeren Druck zu entziehen. So fanden beispielsweise bestimmte Bakterien den Rückzug in 70 Grad heiße Schwefelquellen als biologische Nischen, um so die Konkurrenz um die Nahrung zu verringern. Eine weitere „Taktik", mit Dauerstress umzugehen, ist, ihn zu nutzen. So haben sich im Laufe der Evolution Gehirne entwickelt, die auf Dauerstress mit einer Änderung der Nervenverschaltung reagieren; diese ermöglicht es ihnen, in nahezu aussichtslosen Situationen Lösungen zu finden und zu lernen.

Es bleibt festzustellen, Stress gehört zum Leben und ist nicht per se schlecht. Das Übermaß und die mangelnde Möglichkeit, Stressreaktionen richtig abzuarbeiten, stellen das eigentliche Problem dar. Heute weiß man, dass der größte Stress, also die stärkste Hormonantwort im Körper durch „unkontrollierbare" Situationen ausgelöst wird. Erlebt ein Lebewesen eine Situation aufgrund mangelnder Einflussmöglichkeiten auf den Stressor als ausweglos und kann sich nicht entziehen, liegt sein Stressniveau deutlich höher als in einer vergleichbaren Situation mit eigenem Handlungsspielraum. Ein Punkt, der sehr wichtig im Zusammenleben mit unseren Hunden ist.

Nach dieser allgemeinen Einführung über das Thema Stress beschriebe ich im Folgenden den detaillierten Ablauf einer Stressreaktion bei Säugetieren, zu denen Hund und Mensch gehören.

Nimmt ein Lebewesen einen Stressor, also ein Objekt, das Stress auslöst, wahr, so wird dank der ersten unbewussten Wahrnehmung unmittelbar Adrenalin ausgeschüttet. Wird dieser „Erstalarm" bestätigt, so aktiviert das Gehirn die Freisetzung des speziellen Hormons Adeno-Corticotropes-Hormon, kurz ACTH. Dieses sorgt in der Nebennierenrinde für die Produktion und Freisetzung der weiteren Hormone Aldosteron, Kortisol und Androgen. Hier soll nur kurz auf die Wirkung der einzelnen Hormone eingegangen werden, es gibt zahlreiche Literatur, die dieses Thema ausführlich darstellt.

Adrenalin reguliert das Herz-Kreislauf-System: Bei Stress bewirkt es eine Steigerung des Herzschlages, Erhöhung des Blutdrucks, Bereitstellung von Energie und Hemmung des Magen-Darmtraktes.

Aldosterol wirkt im Wasserhaushalt, sprich der Urinausscheidung, Schweißproduktion u.a.. Bei Stress kann es zu einem Ungleichgewicht kommen, das sich sowohl in verringerter als auch erhöhter Wasserausscheidung zeigen kann.

Kortisol verstärkt das Adrenalin und bewirkt eine Erhöhung des Blutzuckers; zusätzlich greift es ins Zentralnervensystem ein und senkt die Entzündungsbotenstoffe des Körpers und hemmt damit das Immunsystem.

Androgene steuern die Entwicklung der Geschlechtsorgane und beeinflussen indirekt das Verhalten. Ein erhöhter Spiegel an Testosteron steigert die Verteidigungsbereitschaft.

Diese Hormone gelangen innerhalb von Sekundenbruchteilen in den Blutkreislauf und erreichen nach ungefähr 15 Minuten ihr Maximum. Dem Körper stehen verschiedene Rückkopplungsmechanismen zur Verfügung, die dafür sorgen, dass die Stressreaktion nicht ungebremst wei-

Einige deutliche Stresszeichen in der Körpersprache von oben nach unten: Dieses Liegen ist nicht entspannt, sondern ein Zeichen für eine hohe Anspannung, hier ist der Welpe mit einer Situation überfordert. "Sorgenfalten" im Gesicht dieser Hündin zeigen ihren inneren Stress. Die Zunge des kleinen Hundes ist hochgerollt, ein Zeichen von hoher innere Anspannung, das ist immer von Stress begleitet. Das Bild untene zeigt ein typisches Stressgesicht.

terläuft, sondern heruntergefahren wird. Im Normalfall funktionieren diese Mechanismen hervorragend. Nach ca. 20 min. beginnt nach jetzigem Stand der Wissenschaft der Abbau der Hormone, und nach zwei bis drei Tagen ist der Hormonpegel wieder normal.

Die Reaktion auf Stress verläuft in drei Teilen. Es gibt die Alarmreaktionsphase, in der das Zusammenspiel von Wahrnehmung, Gehirn und Hormonproduktion eine optimale Leistungsbereitschaft des Körpers sicherstellt. Sie wird auch als „allgemeines Anpassungssyndrom" beschrieben, sprich der Körper passt sich den geänderten Umständen entsprechend seiner Möglichkeiten an. Daran schließt sich die Widerstandsphase an; in ihr ist der Widerstand gegen den Stressor erhöht, gleichzeitig jedoch anderen Reizen gegenüber herabgesetzt. Dem Stressor und allem, was mit ihm zusammenhängt wird erhöhte Aufmerksamkeit geschenkt; die anderen Aspekte des Lebens werden ausgeblendet.

Als letztes tritt die Erschöpfungsphase ein; je nach Dauer des Stresses kann diese Phase unterschiedlich stark und lang ausfallen. Aufgrund der Anpassung und des erhöhten Energieverbrauchs während der Stressbewältigung (Widerstandsphase), braucht der Körper jetzt Ruhe. Bekommt er diese Ruhe nicht, so kann die permanente Hochspannung zu erheblichen Erkrankungen und schließlich zum Tod führen.

Früher hat man Stress in „Dysstress" und „Eustress" unterteilt. Der Eustress war der gute, unschädliche Stress, der Dysstress der schlechte, krankmachende. In der heutigen Literatur findet man zunehmend die Unterscheidung von kontrollier- und unkontrollierbarem Stress. Der kontrollierbare gilt als der positive Stress, an dem Tiere und Menschen wachsen können. Hier können sie Einfluss nehmen, Entscheidungen treffen, handeln und Lösungen entwickeln. Diese Erfahrung schlägt sich auch in unserer Sprache nieder, man spricht von Herausforderung, Chance, Prüfung u.a.. Schafft man diese, so ist man erleichtert, fühlt sich weiser und um eine wertvolle Erfahrung reicher. Anders sieht das bei den unkontrollierbaren Stressoren aus. Hier hat das Lebewesen keinen Einfluss. Es fühlt sich gelähmt, ohnmächtig, hilflos einer ausweglosen Situation ausgeliefert. Dieser Stress ist schädlich und macht krank. Er wird als Auslöser für erlernte Hilflosigkeit und Depressionen gesehen.

Man kann folgende Situationen, Objekte oder Vorgänge als Stressauslöser bei Hunden bezeichnen:

Soziologische Stressoren:
schlechte Sozialisierung, Veränderung der Umwelt, schlechter Kontakt mit Hunden und/oder Menschen, keinen Sozialkontakt, Strafe, Druck

Psychologische Stressoren:
Angst, Unsicherheit, unerfüllbare Erwartungen, nicht erfüllte Grundbedürfnisse, Liebes- und Vertrauensentzug, Gewalt und Zwang in der Erziehung, Erwartungsunsicherheit und erlernte Hilflosigkeit

Physiologische Stressoren:
Hunger, Durst, falsche Ernährung, Krankheit, Schmerz, Kälte oder Hitze, zu wenig Schlaf und Ruhe, zu wenig oder zu viel Bewegung, die falsche Bewegung, Medikamente

Zur Beruhigung, nicht alle Hunde reagieren auf diese oben erwähnten Dinge mit Stress. Sind sie an bestimmte Dinge gewöhnt, so können sie mühelos mit ihnen umgehen. Ob ein Hund eine Situation als unkontrollierbaren Stress oder als Herausforderung erlebt oder nicht, hat verschiedene Ursachen. Die wichtigsten Grundbedürfnisse sind Futter, Wasser, Schlaf und Sicherheit. Werden sie nicht befriedigt, so wird sich jedes Tier im existenziellen Stress erleben.

Bei anderen Stressoren kommt es sehr auf das Individuum an. Es gibt Hunde, die lieben es, mitten im Getümmel zu sein, ihnen ist keine „Party" zu viel; im Gegenteil empfinden sie es eher stressig, wenn es ruhig um sie herum ist und sie womöglich auch noch alleine sind. Andere Vierbeiner genießen ihren beschaulichen Alltag mit einem Menschen zusammen und empfinden „Party" als absolut stressig. Es gibt kein allgemeingültiges Maß über Stress; hier hilft nur die genaue Beobachtung des Tieres, um herauszufinden, welche Situationen das Tier mit Leichtigkeit und Genuss meistert und in welches es mehr oder weniger starken Stress erlebt. Grundsätzlich gilt immer: „Die Dosis macht das Gift."

Nehmen Sie sich bitte die Zeit, Ihren Hund mit Hilfe Ihrer Kenntnisse über die Körpersprache zu beobachten und stellen Sie eine Liste auf, was Ihr Tier gerne mag, was es verträgt und in welchen Situationen es mit Stress reagiert. Stress hat unzählige Gesichter. In vielen Fällen zeigen Hunde immer dasselbe Stressverhalten, es scheint, jeder Hund hat sein eigenes „Lieblingsstressventil". Kennt man dieses, kann im weiteren Schritt nach den Ursachen für den Stress gesucht werden.

Meine Australian Shepherd Dame bekommt immer ein leicht gerötetes Auge, wenn eine Situation sehr anstrengend für sie ist, wie z.B. eine schlechte Hundebegegnung oder ein Tierarztbesuch. Dieses Wissen hilft mir mittlerweile, belastende Situationen für meine Hündin zu erkennen. Diese kann ich jetzt vermeiden oder geschickter im Alltag planen, so dass sich nicht mehrere belastende Erlebnisse hintereinander reihen, sondern Zeit für Entspannung gewährleistet ist.

Zeichen von kurzzeitigem Stress:
Hautveränderungen, nicht zur Ruhe kommen, gerötete Augen, Bellen, Schuppen, Durchfall, Urinieren, Ängstlichkeit, geringe Toleranz, Aufreiten, Gras fressen, Konzentrationsschwäche, Muskelverspannungen u.v.m.

Zeichen von langanhaltendem Stress:
Immunschwäche, stereotypes Verhalten, Ohren-/Augenentzündungen, monotones Bellen, Zerstörungswut, Zyklusstörungen, Ängstlichkeit, Schlaflosigkeit, Aggression, Apathie, Selbstverstümmelung, Allergien

Auch wenn Stress als Ursache für eine Krankheit erkannt ist, steht die tierärztliche Abklärung der Symptomatik an erster Stelle. Anschließend geht es darum, die Stressfaktoren abzubauen. Zeigt ein Hund z.B. eine Ohrenentzündung aufgrund von Überforderung im Training, muss die akute Erkrankung erst medizinisch behandelt werden.

Im nächsten Abschnitt sollen die Folgen von Stress auf das Gehirn und das Verhalten dargestellt werden. Den allgemeinen Informationen über die Abläufe im Gehirn folgen verschiedene Beispiele unter dem Einfluss von Stress.

Das Gehirn ist die Schnittstelle zwischen Außen und Innen. Informationen aus der Umwelt und dem Inneren des Körpers laufen hier zusammen; gleichzeitig werden die Körperfunktionen geregelt und Befehle versandt. All dies geschieht in einer perfekten Feinabstimmung und unter Bezugnahme auf einander.

Mein liebster Vergleich, um die Arbeitsweise des Gehirns ein bisschen einfacher darzustellen, ist der Vergleich mit unserem Straßennetz. In diesem Straßennetz sind die Nervenverbindungen wie Straßen, auf denen sich die Informationen als Autos bewegen. In dem Hirnstraßennetz gibt es Autobahnen, Bundes-, Land- und Nebenstraßen sowie Feldwege. Der einzige Unterschied zu dem „normalen" Strassennetz besteht darin, dass alle „Gehirnstraßen" nur in eine Richtung führen, also Einbahnstraßen sind. Sie transportieren entweder die Informationen von der Umwelt in das Gehirn oder umgekehrt. Informationen nehmen gern die schnellste Verbindung, also die Autobahnen. Instinktverhalten, ererbtes Wissen und Bewegungen fahren auf diesen Autobahnen. Erlerntes Wissen nutzt die Bundes- und Landstraßen, während Neuerlerntes die Nebenstraßen oder Feldwege nimmt. Je besser der Hund ein Verhalten kann, umso schneller wird es verarbeitet, die Straßen werden also während der Nutzung ausgebaut.

Um die Arbeitsweise des Gehirns unter Stress zu erklären, wird der Straßenvergleich in den verschiedenen Stressstadien durchgespielt; zusätzlich gibt es noch ein Beispiel aus unserem menschlichen Alltag. Die „richtige" Stressantwort des Körpers steht in dem Kasten. Damit die einzelnen Beispiele klarer getrennt sind, werden sie unterschiedlich farbig dargestellt. Der Straßenvergleich erscheint in Blau, das Beispiel aus dem menschlichen Alltag in Grün.

Der Menschenvergleich kann unter dem Titel: „Kaffee am Morgen macht Kummer und Sorgen", stehen. Ein Morgen wie immer, der Weg vom Schlafzimmer in die Küche, verschlafene Vorfreude auf eine frisch aufbereitete Tasse heißen Kaffee – aber heute ist etwas anders: kein Geräusch aus der Küche, kein muntermachender Kaffeegeruch zieht in die Nase. Werden Handlungen immer wieder ausgeführt, so laufen sie über die Gedankenautobahnen, schnell und effektiv von A nach B. Funktioniert etwas nicht wie gewohnt, so bekommt die Verkehrszentrale, das Gehirn, eine Meldung darüber. Diese Information führt zu einem „Verkehrsunfall" auf der Gedankenautobahn.

Auch das Fehlen einer Information oder eines gewohnten Geräusches geht als Mitteilung an das Gehirn und macht uns schlagartig wach. Unsere Wahrnehmung schlägt Alarm. Sie überprüfen noch einige Male alle Dinge, die sie getan haben – ist Kaffee im Filter, genügend Wasser eingefüllt, sitzt der Stecker richtig in der Steckdose? Findet sich hier die Lösung, so werden Sie beim nächsten „"Kaffeemaschinenproblem" gleich nach dem Stecker schauen. Diese Problemlösung hatte sich bewährt und wird gelernt.

Die Verkehrsleitzentrale hatte quasi eine Staumeldung herausgegeben. Gleichzeitig werden Ausweichrouten als Alternativen aktiviert. Das ganze Straßennetz in der Nähe des Unfallortes ist so mobilisiert. Kann das eigentliche Problem dank einer Ausweichroute behoben werden, so wird diese Strecke im Gehirn weiter ausgebaut, um dann bei der nächsten Gelegenheit optimaler zur Verfügung zu stehen.

Hat die Suche nach dem Fehler – Stecker im Fall der Kaffeemaschine – keinen Erfolg, so muss man weiter nach Lösungen suchen. Vielleicht geht man in den Keller, überprüft die Sicherungen oder die gesamte Kaffeemaschine auf Defekte.

Der neue Kaffeeshop auf dem Weg zur Arbeit, die Erinnerung, eigentlich schon länger von Kaffee auf Tee umstellen zu wollen, die Nachbarin, die bereits mehrmals auf eine Tasse Kaffee eingeladen hatte, die Tankstelle ums Eck … immer neue Lösungen kommen einem in den Sinn; dennoch drückt man immer wieder den Knopf der Kaffeemaschine, in der Hoffnung, das alte Ding läuft, als sei nichts gewesen.

Findet sich hier immer noch nicht die Lösung des Problems, so schickt die Verkehrszentrale schwere Räumfahrzeuge. Diese unterstützen die Versuche des Gehirns, den Stau aufzulösen, Ihnen fallen Lösungen ein, die Sie gar nicht mehr „wussten".

Bis hier wirkt die Stressantwort des Körpers positiv auf das Gehirn. Es weckt alte Erinnerungen, schafft kreative neue Ideen. Bleibt jedoch eine wirkliche Lösung aus, so wendet sich nun das Blatt.

Nun hinkt der Vergleich mit der Kaffeemaschine deutlich, denn dies ist ja nicht wirklich eine große, lebensbedrohliche Situation. Verlassen wir also jetzt den menschlichen Vergleich und wenden uns einem aus dem Tierreich zu: Ein Fuchs hat seit längerem keine Beute mehr gemacht. Alle kleinen Nagetiere sind aus seinem Revier verschwunden. Egal, wohin er auch schaut, auf der Erde ist keine Nahrung zu finden. Alle Mauselöcher sind untersucht, alle Wiesen und Waldlichtungen abgesucht. Nun kippt der Stress vom kontrollier- in den unkontrollierbaren Bereich.

Die Verkehrszentrale schickt mehr Räumfahrzeuge, aber auch diese sind nicht in der Lage, das ursächliche Problem zu lösen. Die Räumgeräte geraten außer Kontrolle, baggern wahllos alles weg, was ihnen im Weg ist und fügen den Straßen ernsthaften Schaden zu.

Jetzt beginnt der Stress, dem Gehirn zu schaden. Der Fuchs ist erschöpft, zeigt körperliche Stresssymptome, leidet wirklich unter Hunger und kann sich nur noch schlecht konzentrieren. Bekommt er nicht bald Futter, so wird er entweder verhungern oder aufgrund von „Stress" verenden. Sein Gehirn ist lebensbedrohlich angegriffen und anfällig.

Das Strassennetz wird schlechter gewartet, ganze Straßen werden abgebaut. Die Versorgung ist mangelhaft, der Verkehrskollaps steht kurz bevor.

Das Bild oben zeigt das „Fuchsgehirn" nach länger anhaltendem Jagdmisserfolg. Es ist angegriffen und sehr verwundbar. Ebenso zeigt jetzt auch der Körper des Fuchses deutliche Zeichen von Langzeitstress. Was sich so negativ anhört und schlimme Folgen haben kann, ist eine große Errungenschaft der Evolution. Dadurch, dass eine hohe und lange Einwirkung der Stresshormone das Gehirn angreift, gibt es dort Platz. Falls jetzt unser Fuchs zufällig nach oben schauen und mit einem Sprung einen Vogel erwischen würde, so hätte er für sich eine völlig neue Jagdtechnik entwickelt. Diese wird sich in sein Gehirn einbrennen. Der Fuchs hat so gute Chancen zum Überleben, weil sein Gehirn aufgrund des frei verfügbaren Platzes nun flexibel lernen kann.

Solange die alten Straßen noch vorhanden sind, wird der Gedankenstrom diese weiterhin nutzen. Erst wenn sie abgebaut sind, können neue entstehen. Diese Lernfähigkeit hat jedoch einen hohen Preis. Sowohl das Gehirn als auch der Körper sind aufgrund des hohen Pegels an Stresshormonen enorm angegriffen; dies kann tödlich enden. Andererseits kann das Gehirn die neu entdeckte Lösung jetzt auch gut lernen.

Was bedeutet dies für das Training mit Hunden?
Es bedeutet <u>nicht</u>, dass man Hunde extrem stresst,
um sie dann etwas Neues lernen zu lassen. Dies ist der
letzte Rettungsanker der Evolution, keine Trainingsmethode.
Es bedeutet, dass Stress zum Leben gehört und eine
geringe Menge Aufregung unsere Hunde besser lernen
lässt. Ebenso heißt das, hohe Mengen an Stress zu
vermeiden; schließlich ist es nicht steuerbar, welcher
Teil im Gehirn schlecht versorgt wird, welche Verbin-
dungen zwischen den Nerven verloren gehen, und
was der Hund an Neuem lernt. Dieses Wissen macht
deutlich, dass großer Stress vermieden und das Tier
möglichst entstresst werden muss, bevor es irgendetwas im Training gezielt lernen kann. Denn bei hohem
Stress ist es fraglich, ob es sich auch alles merkt, was es
gerade gelernt hat. Dies konnte ich bei meinem ersten
englischen Vortrag am eigenen Leib erfahren. Ich war
wirklich sehr aufgeregt und ziemlich gestresst. Der
Vortrag lief trotzdem – oder gerade deshalb super. Aber
anschließend musste ich feststellen, dass ich zwar noch
wusste, dass der Vortrag gelungen war, mich aber nicht
mehr erinnern konnte, was ich zu welcher Power Point
Folie gesagt hatte!
Ich kann mir vorstellen, dass manche hektischen,
übermotivierten Hunde sich genauso fühlen und die
Hälfte des Trainings kurze Zeit danach schon wieder
vergessen. Tiere lernen unter Stress; aber die weiteren
Folgen von Stress wirken auf das Gehirn und den
Körper zu negativ, als dass es gerechtfertigt wäre,
sie für kurze Zeit unter unkontrollierbaren Stress zu
setzen. Nach meiner Erfahrung lernen Hunde hier
meist ihre eigenen Lösungen, keine Signale, Tricks und
Verhaltenskorrekturen.

Lernen heißt „Anpassung an wechselnde Umweltbedingungen"
Erziehung ist von Menschen gesteuertes Lernen
Ein Hund mit einem Stress- oder Angstproblem muss
vor Beginn eines Trainings entstresst werden. Das
tägliche Leben ist immer wieder angefüllt mit Herausforderungen, die reichen, um das Hundegehirn
aufmerksam zu halten. Die richtige Menge Aufregung
und ein artgerechtes Training sind die Zutaten für ein
erfolgreiches Training. Ein Zuviel an Stress ist genauso
schädlich wie das vollkommene Fehlen von jedem
Stress. Das zeigt sich schon bei Kleinigkeiten wie der
Wahl der Leckerli. Belohnungsbrocken, die der Hund
nicht besonders schätzt, locken ihn auch nicht hinter
dem Ofen hervor. Der Hund lernt dann nicht, weil zu
wenig Emotion und Motivation im Spiel sind. Sind die
Leckerli aber zu hochwertig, lernt das Tier auch nicht
mehr, da es in einen zu hohen Stresspegel gerät und
viele Dinge vergisst. Es „dreht dann nur noch am Rad"
und kann sich später nicht mehr an alles erinnern.

Wie geht man nun im Alltag mit Stress um?
Das Erste und Wichtigste ist, seinen Hund zu beobachten und festzustellen, welche Situationen belastend
sind und anschließend diese so gut es geht zu vermeiden. Unumgängliche Stresssituationen werden möglichst so verändert, dass der Hund sie besser meistern
kann. Das klingt manchmal einfacher, als es sich in
der Realität darstellt. Mit Kreativität und geschicktem
Management ist dennoch viel zu erreichen. Und wieder
gilt es vorab, das Tier genau zu beobachten, was belastet es ganz genau, wie verhält es sich in der Situation,
und welche Änderung könnte hilfreich sein.
Am schwierigsten sind immer die Situationen, die
der Hund als unkontrollierbar erlebt. Eine Hundebe-
sitzerin geht mit ihrem Hund Hasso durch die Stadt;
es kommen ihnen viele Menschen mit Einkaufstaschen entgegen. Hasso möchte ausweichen, in dem
er versucht, eine andere Richtung einzuschlagen,
zögerlich stehenbleibt oder auch stark nach vorne
zieht. Die Besitzer reagiert mit „Pfui, Aus, Fuß" – eine
der netteren Varianten, wie sie häufig zu erleben ist;
nicht selten gibt es auch Leinenrucks und andere Kor-
rekturmaßnahmen. Am Ende dieser Szene sieht sich
der Hund einer belastenden Situation ausgesetzt und

lernt, keinen Einfluss auf sie zu haben. Diese Erfahrung erhöht seinen Stress. Hasso wird den nächsten Gang in die Stadt noch schlechter verkraften. Wie er genau reagiert, kann man nur schätzen, denn Stress hat viele Gesichter. Erlebt er aber noch in anderen Situationen diese Hilflosigkeit, so wird er irgendwann passiv neben der Besitzerin herlaufen, da jede Einflussnahme auf die Situation keinen Erfolg bringt. Nach außen der perfekte Hund, aber innen läuft ein chemisches Gewitter ab, das seine Spuren hinterlässt. Irgendwo sucht sich der Stress ein Ventil, sei es in Verhaltensauffälligkeiten in unterschiedlichsten Lebensbereichen, gesundheitlichen oder anderen Problemen, die scheinbar in keinem Zusammenhang mit dem Erlebnis stehen.

Gäbe man Hasso in dieser Situation die Möglichkeit auszuweichen und langsam hinter der Besitzerin zu laufen, so könnte er besser mit dem Stadtbesuch umgehen. Besonders geschickt wäre es, im Vorfeld mit dem Hund kurze geplante Ausflüge in die Stadt zu unternehmen und nicht den Weihnachtseinkauf mit Hundetraining zu kombinieren. Dann ist dem gemeinsamen Vergnügen in der Stadt ein guter Start gesetzt.

Situationen, die im Leben des Hundes eine Rolle spielen werden, müssen mit Ruhe und Geduld in kleinen Portionen trainieren werden. Dabei sollte der Hund die Gelegenheit und Erfahrung machen können, er kann Einfluss auf die Situation nehmen. Erlebt er beispielsweise, dass Ausweichen eine erfolgreiche Strategie ist, wird er sie immer öfter selbstständig anwenden. Diese Dinge in kleinen Einheiten mit ausreichender Zeit zur Erholung, beugt dem schädigenden Stress vor. Dinge, die für den Hund unangenehm sind, können so versüßt werden. Man sollte immer daran denken, es gibt keine zweite Gelegenheit, einen guten ersten Eindruck zu hinterlassen. Das gilt auch für Dinge, Objekte und Situationen, die Ihr Hund das erste Mal kennenlernt. Erlebt er sie als aufregend, aber zu bewältigen, wird er sich später durch sie nicht stressen lassen. Ist der erste Eindruck aber „Schreck lass nach", und wird vom Hund mit Hilflosigkeit und dem Gefühl des Ausgeliefertseins erlebt, so wird es viele Mühen kosten, diese Verknüpfung mit positiven Gefühlen zu überarbeiten.

Die beste Hilfe gegen unkontrollierbaren Stress ist die Prophylaxe. Arbeitet man mit dem Hund positiv und sucht eine wirklich erfüllende Beschäftigung für ihn, so hilft ihm das in vielen schwierigen Situationen. Training ohne Gewalt mit Gelegenheiten für den Hund, selbst Lösungen für Probleme zu finden, stärken sein Selbstbewusstsein. Ein selbstsicherer Hund, der weiß, dass er selber Probleme lösen kann, nimmt Stress leichter als Herausforderung statt als unlösbare Angstsituation an. Das Training eines Hund mit Stressproblematik zeichnet sich durch Geduld, Ruhe und Gelassenheit aus. Es heißt: Zurück an den Start und zuerst mit dem inneren Zustand des Tieres arbeiten. Der erste Schritt ist also stets, den Hund zu entstressen. Dafür muss man den Alltag ändern, stressige Situationen meiden, Alternativen finden und dem Hund viel Möglichkeit zur Ruhe und zur Entspannung geben. Das gelingt am besten mit Kauartikeln und „slow food". Slow food meint Futter, an dem der Hund lange Zeit verweilen kann, gestopfte Kongs zum Leerlecken, Joghurtbecher zum Ausschlecken, Futterspiele etc. Das Thema wird im Kapitel „Methoden und Hilfsmittel" noch genauer besprochen. Auch hilft es, Ruheinseln im Alltag zu schaffen und sehr viel Management zur Vermeidung belastender Situationen zu betreiben. Sinkt allmählich das Stressniveau des Tieres, so kann das eigentliche Training beginnen. Ziel dabei ist es, die Stresssituationen neu zu erlernen, d.h. in kleinen Schritten und Portionen den ersten schlechten Eindruck zu revidieren. Leider wird dieses zweite Lernen viel länger dauern, weil der Hund nicht nur etwas erlernen, sondern umlernen muss. Hier ist es wichtig, viel Management, Ruhe und Geduld beim Training aufzubringen, damit der Hund dieses Mal die unterstützenden positiven Gefühle und Verhaltensweisen in der Problemsituation erfahren kann. Es sollte unbedingt verhindert werden, dass das Tier erneut ungebremst in die Problemsituation gerät, bevor es sie wirklich bewältigen kann. Vorausschauende Planung ermöglichen es so dem Tier, im zweiten Anlauf wirkliche Lebenskompetenz zu erwerben.

Am Stresslevel des Hundes muss also gearbeitet werden – das ist die „schlechte" Nachricht dieses Kapitels; die gute ist, dass diese Arbeit erfolgsversprechend ist, und Hunde sehr wohl unter Stress lernen.

Das vegetative Nervensystem

Im Inneren von Säugetieren herrscht ein bestimmtes Milieu, mit dem der Körper am besten funktioniert. Säugetiere müssen dieses „Klima" mittels Selbstregulation, der sogenannten Homöostase aktiv aufrechterhalten. Ihr Körper ist permanenten Einflüssen von außen und innen ausgesetzt, die das innere Gleichgewicht beeinflussen. Teile des Stamm- und Kleinhirns wachen darüber. Sie aktivieren das vegetative, auch als autonom bezeichnete Nervensystem. Dieses wiederum reguliert über verschiedene Neurotransmitter die inneren Organe, die Atmung, den Herzschlag und den Stoffwechsel.

Das vegetative Nervensystem ist eng mit dem zentralen Nervensystem und dem endokrinen System des Körpers verbunden. Sein aktivierender Teil, der Sympathikus, macht den Körper leistungsbereiter, während der Parasympathikus Ruhephasen, Verdauung und Regenerationsprozesse unterstützt. Die Darmnerven stellen einen weiteren Teil des vegetativen Nervensystems dar. Noradrenalin und Adrenalin sind die hauptsächlichen Neurotransmitter des Sympathikus; sie bewirken z. B. eine Erhöhung des Herzschlages, einen Anstieg der Pulsfrequenz, eine bessere Durchblutung der Muskeln und die Steigerung der Blutzuckermenge.

Der Hauptneurotransmitter des Parasympathikus ist das Acetylcholin; es regt die Verdauung und Immunantwort des Körpers an.

Sympathikus und Parasympathikus sind wie Gegenspieler, was der eine aktiviert, bremst der andere. Sie wirken beide auf die gleichen Gewebe, haben aber eben eine gegenteilige Wirkung. Durch diese feine Abstimmung halten sie das Gleichgewicht im Körper aufrecht. Bei der Stressantwort des Körpers wird der sympathische Teil des vegetativen Nervensystems mit den entsprechenden Antworten des Körpers aktiviert.

Allgemeines zum Thema Stress

Von Stress spricht man bei jeder Belastung, die den Körper zu einer Anpassungsreaktion zwingt.

Eine Stresssituation setzt sich aus dem Stressor, dem subjektiven Erleben des Stressors mit einem daraus resultierendem Bewältigungsversuch sowie der körperlichen Stressreaktion zusammen.

Da die Stressreaktionen des Körpers den Organismus in früheren Zeiten vor Fressfeinden schützen sollten, ist eine gesteigerte Leistungsbereitschaft das grundlegende Ziel der Hormonausschüttung. Aufgrund des gezeigten Verhaltens spricht man auch vielfach von einer „fight-flight-reaction", Kampf-Flucht-Reaktion, die im Verhalten sichtbar wird.

Vermittelt wird diese Alarmierung des Körpers über das limbische System. Dieses System nimmt durch die Neurotransmitter Noradrenalin und Adrenalin Einfluss auf andere Teile im Gehirn sowie auf den Körper. Durch die erhöhte Noradrenalinausschüttung kommt es zu einer charakteristischen Veränderung in der Aktivität des limbischen Systems sowie im Kortex. Das immer während Hintergrundrauschen wird geringer und die Antwort auf eintreffende Informationen verstärkt. Auf der Verhaltensebene erkennt man dies an einer erhöhten Aufmerksamkeit auf interne und externe Reize, einer beschleunigten Verarbeitung dieser Informationen und einer besonders schnellen Reaktion diesen Reizen gegenüber. In der Verhaltensbiologie nennt man diesen Zeitpunkt Anpassungs- und Widerstandsphase während der Stressantwort eines Lebewesens. Zu diesem Zeitpunkt werden Informationen besser und nachhaltiger verarbeitet. Noradrenalin wirkt auf zwei verschiedenen Wegen auf das Gehirn; es wirkt zwischen zwei Nervenzellen als Neurotransmitter und beeinflusst hier die Reizweiterleitung. Außerdem ist es als Neurohormon aktiv und verändert so in größeren Bereichen des Gehirns die Reizverarbeitung. So führt die Stimulierung des noradrenergen Systems zu folgenden Reaktionen:

Steigerung der Durchblutung

vermehrte Glukoseaufnahme

Erhöhung des Energiestoffwechsels

Freisetzung von Glukose und Laktat

Abgabe von wachstumsfördernden Substanzen

Eine plastische Veränderung der Nervenzellen

Glykokortikoide stellen eine weitere Klasse der Stresshormone dar, deren bekanntester Vertreter das Kortisol
ist. Sie kommen etwas später ins Spiel und haben eine
andere Aufgabe im Überlebenskampf. Je nach Menge
und Dauer der jeweiligen Einwirkung und des Zustan-
des der Zielzelle können sie aufbauend oder zerstö-
risch wirken. So wirkt eine geringe Menge Kortisol
fördernd auf das Auswachsen der Nervenzellen, eine
höhere Dosis hemmend. So kann man sowohl beim völ-
ligen Fehlen von Kortisol als auch bei einem langfristig
stark erhöhten Kortisolspiegel eine Degeneration von
Dendriten an den Nervenzellen nachweisen.
Eine lang anhaltende Stimulierung der Kortisolaus-
schüttung hat eine Unterdrückung der Produktion und
Ausschüttung von Nervenwachstumssubstanzen zur
Folge. Die Noradrenalinumsetzung und Produktion
wird reduziert, unter sehr großer Stressbelastung
kommt es sogar zu einer Zerstörung der noradrenergen
Fasern.
Hohe Spiegel von Kortisol, wie sie bei langzeitig
unkontrollierbarem Stress auftreten, führen zu einer
Eliminierung von Nervenverbindungen und entsprechenden Verhaltensweisen, die bislang keinen Erfolg
brachten. Es führt so zu einer grundsätzlichen Veränderung im Fühlen und Denken. Dieser Vorgang ist
gekennzeichnet von einer hohen Instabilität und einem
labilen Hirnzustand. Außerdem gibt es gleichzeitig
eine Vielzahl körperlicher und geistiger Erkrankungen,
da auch der Körper durch die hohen Stresshormon-
mengen angegriffen ist. Dieses kann zu einer unkontrollierbaren Belastung führen. Eine andere Folge dieses
Langzeitstresses kann die so genannte erlernte Hilflosigkeit sein, in diesem Zustand versucht ein Lebewesen
nicht mehr etwas gegen einen unangenehmen Zustand
zu unternehmen. Haben Versuchstiere keinen Einfluss
auf die Strafe, die sie erhalten, bekommen sie diesen
Strafreiz unvorhersehbar und können nicht ausweichen, so werden die Versuchstiere immer passiver und
retten sich auch später, wenn es ihnen möglich wäre,
nicht mehr.

Folgende Hormone spielen in der Stressantwort des
Körpers eine wichtige Rolle:
Aus dem Nebennierenmark werden Adrenalin und
Noradrenalin freigesetzt. Diese beiden Hormone aktivieren den sympathischen Teil des vegetativen Nervensystems und steigern unter anderem die Herzfrequenz,
den Blutdruck, erweitern die Bronchien, erhöhen die
Muskeldurchblutung in den Beinen und Armen, ver-
mindern die Aktivität des Magens und Darmtraktes,
sorgen für eine Wasserfreisetzung.
Aus der Nebennierenrinde stammen zum einen die
Glukokortikoide, allen voran das Kortisol; es sorgt für
eine erhöhte Energiefreisetzung in den Körper, vor
allem in das Gehirn und die Muskeln; dafür werden
Muskel- und Fettreserven angegriffen. Außerdem
hemmt das Kortisol die Synthese von Entzündungs-
mediatoren und hat damit eine immunsupressive
Wirkung. In hohen Dosen wirken Glukokortikoide wie
Mineralkortikoide, die die zweite Gruppe der
Nebennierenrindenhormone darstellen. Hier sei
als bekanntester Vertreter das Aldosteron genannt.
Mineralkortikoide wirken auf den Elektrolythaushalt
des Körpers. Der Wirkort ist die Niere, hier fördert das
Aldosteron die Natriumrückresorption aus dem Harn
und sorgt dadurch indirekt auch für eine Rückauf-
nahme von Wasser. Aufgrund des Rückhaltens steigen
das Blutvolumen und der Blutdruck, die Urinmenge
sinkt..
Eine weitere Gruppe an Hormonen, die in der Nebennierenrinde gebildet werden, sind die Androgene, also
die männlichen Sexualhormone. Es gibt Hinweise
darauf, dass sich bei einer Erhöhung des Androgenge-
haltes das Aggressionsverhalten verändert.
Sehr interessant sind neuere Untersuchungen, die das
Bindungs- und Brutpflegehormon Oxytrocin dann in
größeren Mengen im Körper nachwiesen, als sich das
Lebewesen in stark belastenden Situationen befand.
Allerdings handelte es sich dabei um Situationen mit
unkontrollierbarem Stress; konnte das Lebewesen
Einfluss nehmen und aktiv die Situation verändern, so
fand sich kein Oxytrocin im Blut.

Bessere Stresstoleranz
Es ist nachgewiesen, dass ein Lebewesen, das immer wieder mit kontrollierbaren Stressoren umgehen muss und sie bewältigen kann, charakteristische Veränderungen im Gehirn zeigt. So weisen diese Gehirne mehr Nervenzellen auf, ihr noradrenerges System funktioniert optimaler und schneller, sie reagieren stärker auf Noradrenalin. Diese Gehirne sind also fitter im Umgang mit Stress und können schwierige Situationen leichter bewältigen, ohne in negativen Stress zu verfallen. Auf der Verhaltensebene ist dieser Unterschied an der geringeren Ängstlichkeit zu erkennen.

Zusammenfassend die Versuchsergebnisse zum Thema Stress mit vergleichbaren Alltagssituationen

Im biologischen Sinn ist Stress eine Situation, der der Organismus mit normalem Verhalten nicht Herr werden kann. Man unterscheidet zwischen kontrollierbarem und nicht kontrollierbarem Stress.
Wir gehen mit unserem Hund spazieren und treffen einen fremden Hund, der unseren anbellt; dies ist für unseren Hund eine schwierige Situation. Sie kann zu einer überwindbaren Herausforderung werden, indem wir dem Hund eine gute Lösung anbieten oder selbst finden lassen: So weichen wir beispielsweise aus, machen einen Bogen. Ebenso kann die gleiche Situation aber auch beängstigend wirken: Wenn wir dem Hund die Möglichkeit nehmen, die Situation zu beenden, ihn in Richtung bellenden Hund zerren, wird er seinen mangelnden Einfluss auf die gesamte Situation erkennen und diese als immer bedrohlicher empfinden.

Äußere und innere Stressreaktionen sind bei vielen verschiedenen Tierarten gleich.
Gesträubte Haare sind wohl das beste Beispiel im Tierreich für identische Stressreaktion in einer schwierigen Situation; auch plötzlicher Kotabsatz und Urindrang sind fast im ganzen Tierreich zu finden.

Die Stressreaktion läuft in Stufen ab.
Die erste Stufe ist die Freisetzung von Adrenalin und Noradrenalin. Sie aktivieren das gesamte Gehirn und optimieren seine Versorgung. Findet sich dabei eine effektive Problemlösung, so wird die Stressreaktion gestoppt, und das Lebewesen kommt wieder zur Ruhe. Die Lösung des Problems wird sehr gut gelernt, da durch Noradrenalin und seine Folgen schon alles für das Lernen bereit gemacht ist. Wir haben einen angeketteten Hofhund. Dieser bekommt einen Tritt für alles, was er in den Augen seiner Besitzer falsch macht. Er weicht immer öfter aus, wenn seine Besitzer kommen, um nicht getreten zu werden. Das hilft aber nicht wirklich, da die Besitzer mit ihrem Hund immer noch nicht zufrieden sind.

Findet sich keine Lösung, so beginnt die zweite Stufe der Reaktion. Die Menge an Noradrenalin und Adrenalin steigt, und Kortison wird freigesetzt. Nun beginnt eine noch stärkere Aktivierung des Gehirns. Findet sich nun eine Lösung, so wird das Notfallprogramm wieder direkt gestoppt; der Lösungsweg brennt sich ein. Jetzt versucht der Hofhund mit Bellen und nach vorne Springen den Tritten zu entgehen. Er bekommt dadurch natürlich noch mehr Strafen und wird an eine kürzere Kette gelegt. Das Durchbeißen der Kette funktioniert auch nicht. Urinieren, wenn die Besitzer sich nähern, bringt auch keinen Erfolg, ebenso wenig Bellen und Winseln.

Findet sich keine Lösung, so wird die letzte Stufe des Notfallplans gezündet, das Kortisol beginnt damit alte „schlechte" Verknüpfungen aufzulösen. Es schafft Raum für neues Denken. Das Hirn wird schlechter versorgt, alte Gedankengänge abgeschnitten. Besonders intensiv ist der Abbau im Hippocampus und seinen Gedächtnisgebieten zu sehen. Er verfällt in Apathie und zieht sich in sich selbst zurück, bis er eines Tages den Haken der Kette gelöst hat und fliehen kann. Vielleicht ist hier der Grund zu finden, warum die vielen gequälten und misshandelten Hunde so gut resozialisierbar sind. Sie sind offen und haben Platz für neue Verknüpfungen. Sie müssen nur die Gelegenheit haben, diese auch machen zu können. Diese Hunde haben eine Chance verdient, und die Erfolge, die im Tierschutz erzielt werden, sprechen für sich.

Das Gehirn lernt nur mit Erregung.
Sollen wir Sachen lernen, die völlig emotionslos daher kommen, so können wir sie uns kaum merken. Sind Dinge erfreulich oder beunruhigend, so gehen sie uns gut ins Gedächtnis. Man kann sagen, je mehr Emotion, desto besser sitzt der Lerninhalt.
Versuchen wir, unserem Hund mechanisch, ohne Freude „Sitz" beizubringen, werden wir für diese Übung sehr lange brauchen. Angemessene Freude und Motivation fördern das Lernen, ein Zuviel führt zum Überdrehen.

Insbesondere die Lösungen, die einen Hund aus einer ängstigenden Situation befreit haben, wird er sich merken. Auch wenn diese in unseren Augen inakzeptabel sind. Gibt unser Hund also still das Zeichen, dass er mit einer Situation überfordert ist und z. B. nicht länger neben dem fremden Hund sitzen möchte, und wir reagieren nicht, wird er die höfliche Variante als „bringt nichts" abhaken. Er versucht es vielleicht mit einer Spielaufforderung, aber auch die führt nicht zum Erfolg, denn er soll ja still sitzen. Also steigt seine Erregung, sein Stress weiter, denn er ist immer noch überfordert. Jetzt zündet er den nächsten Versuch. Er bellt und springt „aggressiv" in Richtung des anderen Hundes. Erfolg! Genervt gehen wir mit einem unmöglichen Hund, der gerade etwas sehr Wichtiges gelernt hat, davon. Denn er weiß jetzt, wie er sich ungebetene Hunde auf Distanz hält.

5

FALLBEISPIELE

In diesem Kapitel sollen unterschiedliche Fallbeispiele einen Einblick in die verschiedenen Aspekte der Angst und Stresstherapie bringen und zeigen, wie unterschiedlich sich Stress und Angst äußern können.

Mäuschen
Ein Beispiel aus der Konfrontationstherapie, auch „flooding"
genannt

Im November 1993 zogen zwei Katzen in unseren Haushalt, Mohrchen und Mäuschen. Sie waren beide ca. sechs Monate alt. Mohrchen wurde in einer Familie geboren, mangels privater Vermittlung dem Tierheim übergeben. Mäuschen hingegen war eine Findlingskatze, die von der Feuerwehr eingefangen worden war. Das Tierheim vermittelt Katzen nur als gleichgeschlechtliche Pärchen, so kamen beide Katzen zu uns. Mäuschen war besonders ängstlich, die ersten Stunden verbrachten wir mit Suchen. Kurzfristig hieß sie „search"! Nach zwei Wochen begannen wir, Mäuschen „zwangsweise" zu beglücken: Wie immer suchte ich sie, holte sie dann auf meinen Schoß und schmuste mit ihr solange, bis sie schnurrte. Nach drei Monaten konnte ich sie das erste Mal streicheln, ohne sie vorher eingefangen zu haben. Vor Männern zeigte die kleine Katze besonders große Angst; mein Mann bekam sie anfänglich kaum zu sehen, es dauerte weitere sechs Monate, bis sie sich auch von ihm anfassen ließ. Berührung war auch nur dann möglich, wenn ich mich seitlich und mit ganz langsamen Bewegungen näherte. Jeder Besuch beim Tierarzt warf uns deutlich zurück. Wenn uns Freunde besuchten, war Mäuschen

verschwunden und bis zum Ende des Besuches nicht mehr gesehen. Trotz allem ließen wir sie ab dem zweiten Monaten nach draußen gehen. Noch heute ist es so, dass sie nur dann schnell durch die Tür huschen kann, wenn wir zu ihr ausreichend Abstand wahren. Mit einem Gesamtgewicht von gerade mal zweieinhalb Kilogramm und ihrem stetem Fluchtverhalten unter extremer Anspannung, drängte sich der Name „Mäuschen" regelrecht auf.

Trotz alledem machen wir immer weitere Fortschritte. Mäuschen wird zutraulicher; aber es kann passieren, dass sie beim Schmusen plötzlich beißt, obwohl sie Körperkontakt und Schmusen einfordert. Alle Neuerungen in unserem Haushalt, die Kinder, der erste Hund, bedeuten ein bis zwei Jahre Anpassungszeit: Sie zieht sich dann fast vollständig zurück und kommt erst langsam wieder aus ihrem Schneckenhaus heraus.

Als Mäuschen bei uns einzog, wollte ich ihr mit „Zwangsschmusen" helfen; ich wollte ihr vermitteln, dass wir es gut mit ihr meinen und sie keine Angst haben braucht. Ich hatte aber keine Ahnung, was ich wirklich vermittelte. Heute weiß ich, dass wir mit „flooding", der „Konfrontationstherapie" gearbeitet haben, und sehe deutlich die Schwachstelle dieser Methode im Zusammenhang mit Tieren. Wir zwingen den Tieren „Glück" auf, setzen uns dabei wiederholt über ihre Grenzen hinweg. So kann kein tragendes Fundament für eine vertrauensvolle Beziehung zwischen Tier und Mensch wachsen; bei der kleinsten Belastung zeigen sich Lücken und Risse.

Dank meines heutigen Wissens und unseres Sohnes Hendrik leben wir mittlerweile mit einem ganz anderen Mäuschen zusammen. Wir haben gelernt, ihre Grenzen zu respektiert und ihre die Wahl zu lassen – also einfach die Kenntnisse angewandt, was ich über Angst bei Hunden gelernt hatte. Wir haben festgestellt, dass diese Therapie auch bei Katzen funktioniert. Ebenso bewirken calming signals bei Katzen Wunder. Hendrik hat sich viel Zeit gelassen, eine Beziehung zu einer Katze aufzubauen, die eigentlich Angst vor Kindern hat. Sie konnte in sein Zimmer kommen und gehen, wie sie wollte; sie wurde nur angefasst, wenn sie es wollte und nie länger als gut war, sie wurde nie angestarrt, nie wurden schnelle oder hektische Bewegungen gemacht. Hendrik hat eine erstklassige Desensibilisierung durchgeführt. Heute bleibt sie auf dem Katzenbaum liegen, wenn irgendein Familienmitglied durchgeht, selbst nach Tierarztbesuchen hat sie direkt wieder Vertrauen zu uns. Hendrik kann kein Buch mehr lesen, ohne das der kleine, alte Katzenzwerg klein zusammengerollt bei ihm liegt.

Maudi
Ein Beispiel für ein Hund-Hund-Problem

Maudi kam im Juni 2001 mit neuneinhalb Wochen zu uns. Sie war ein ganz normaler Welpe aus einer ganz normalen Zucht, hatte bei der Züchterin zahlreiche Kontakte zu Jugendlichen gehabt; außerdem lebte bei der Züchterin ein Kind im Alter unserer Zwillinge. Maudi wurde nach dem üblichen Schema der positiven Hundeerziehung erzogen, mit Leckerli und Spiel, notfalls auch mittels Wurfkette und Leinenruck. Die erste Hundeschule war eine Katastrophe, der Leiter stand mit Megaphon auf dem Platz, um Übungen nach der

Tellington-Methode zu erklären; für die Welpengruppe galt: Hund abgeben und mit der Information, die Leiter würden alles Weitere regeln, den Platz verlassen. Maudi wurde hier von der Leiterin ohne vorherige Nachfrage ins Platz gezwungen. Das war nach 30 Minuten das Ende unseres Besuches in dieser Hundeschule! Die zweite Hundeschule machte auf uns einen besseren Eindruck; sie wurde von einer Züchterin für Australian Shepperds geführt; entsprechend gab es dort auch nur "Aussiewelpen". Als „Erzieherin" nahm die Zuchthündin an der Welpengruppe teil. Wurden die Spiele in der Welpengruppe zu wild, maßregelte sie bevorzugt und wiederholt heftig Maudi, den rudelfremden Welpen; trotz meines Einspruchs wurde die Hündin viel zu spät abgerufen. Maudis Junghundezeit war problemlos, sie unterwarf sich allen anderen Hunden, war gelehrig; allerdings hatte sie insgesamt in einem Jahr drei Mandelentzündungen!

Als wir mit eineinhalb Jahren Agility begannen, machte Maudi mit riesiger Begeisterung mit. Wir trainierten auch für Wettkämpfe und unter entsprechenden Bedingungen. Das Training war grundsätzlich in Ordnung; aber immer wieder kam ich in Konflikt mit der auf dem Platz verbreiteten Theorie über Dominanz und Alphastatus. Mangels Alternative blieben wir dort. Mit zweieinhalb Jahren war plötzlich alles anders; Maudi setzte sich das erste Mal einem anderen Hund zur Wehr. Sie wurde attackiert und hielt dagegen. Seit dem verhielt sie sich immer so, wenn sie angegriffen wurde. Dem allgemeinen Tipp, die Hunde es unter sich ausmachen zu lassen, beherzigten wir nicht. Bis jetzt ist Maudi sechs Mal ohne eigenen Angriff von kleineren Hunden gebissen worden; nie wirklich dramatisch, aber schlimm genug, dass sich Maudis Verhalten im Laufe der Zeit grundlegend änderte: Sie begann, auch auf Hunde loszugehen, die sie zuvor nicht attackiert hatten. Ich kam zu diesem Zeitpunkt in Kontakt mit Turid Rugaas und entwickelte ein anderes Verständnis über Hunde und ihr Verhalten. Endlich gab es Trainingsansätze, die mir stimmig erschienen und uns halfen, Maudis Verhalten zu verstehen. So beobachteten wir, dass Maudi andere Hunde erst freundlich begrüßte, dann aber plötzlich einen Kommentkampf (eine stark ritualisierte Form des Kampfes, die keine Beschädigung, sondern die Einschüchterung des Gegners zum Ziel hat) startete. Maudis Verhalten wurde immer unberechenbarer. Als sie mich eines Tages begrüßte, schrie sie plötzlich laut auf. Es begann eine Odyssee von Arzt zu Arzt und der verzweifelte Versuch, eine eindeutige Diagnose für Maudis Schmerzen im Rücken zu finden. Bis heute ist unklar, ob die Beschwerden muskuläre oder andere Ursache haben. Letztendlich fanden wir in der Bowen-Therapie einen Weg, ihre zu deutlicher Linderung der Schmerzen zu verhelfen. Erst dann konnten wir mit der Therapie ihres Verhaltens beginnen.

Ich musste feststellen, dass Maudi schon der Geruch von fremden Hunden im höchsten Maße alarmierte; ebenso fuhr sie beim kleinsten Geräusch blitzartig herum – stets bereit, sich zu verteidigen. Die Therapie begann mit Alleingängen draußen, auf denen der Geruch von Hunden mit positiver Emotion konditioniert wurde. Nach diesem Einstieg folgten parallele Läufe und Social Walks, um weiter an ihrem Hundeproblem zu arbeiten. Sichere Alltagssituationen werden ebenfalls zum Gegenkonditionieren und Desensibilisieren genutzt. In einer Problemhundegruppe bekam sie die Möglichkeit, in gestellten Situationen gute Erfahrungen zu machen. Bowen-Therapie und Bachblüten unterstützten den Prozess. Nach zwei Jahren war sie nur noch unsicher und in manchen Situationen ängstlich. Sie hatte gelernt, auch in schwierigen Situationen handlungsfähig zu sein, blieb ansprechbar und zeigte zunehmend deeskalierendes Verhalten. Im Januar 2009 konnte endlich die Diagnosen „Becken- und Beinfehlhaltung" sowie eine Verschiebung der Lendenwirbel formuliert werden. Es scheint so, dass chronische Schmerzen Maudi seit mehreren Jahren begleiteten. Ihr unberechenbares Verhalten im Anblick anderer Hunde ist vor diesem Hintergrund nicht erstaunlich.

Catalina

Catalina ist eine spanische Galga-Hündin, geschätzte acht Jahre alt; dieser Bericht ist die Schilderung der heutigen Besitzerin.

Catalina wurde gemeinsam mit acht weiteren Hunden aus dem Transporter der spanischen Tierschützer geladen, direkt in die „Meute" wartender Leute und Hunde. Alle stürzten sich auf die gerade von einem 14-stündigen Transport kommenden Hunde und wollten sich quasi das beste Tier aussuchen. Catalina stellte sich auf die Hinterbeine und überblickte so das Chaos; dabei stützte sie sich u.a. auch auf mich. Ich nahm direkt ihre Leine in die Hand, um sie aus dem Trubel zu nehmen. Ich lief mit ihr in Richtung unseres Autos, wo sie, ohne dass ich mich eigentlich für sie entschieden hatte, direkt in unser Auto hüpfte. Sie hatte weder eine Pfütze gemacht, noch den mich begleitenden Rüden beachtet. Im Auto legte sie sich ohne jede weitere Regung direkt flach hin. Wir hätten sie wohl aus dem Auto zerren müssen, hätten wir einen anderen Hund nehmen wollen. Also war die Sache entschieden. Auf der gesamten Fahrt sahen oder hörten wir nichts von ihr. Sie zitterte nicht, sie schaute nicht raus, war einfach nur ruhig, den Kopf flach am Boden. Zu Hause angekommen, verhielt sie sich genauso: Ohne irgendwelche erkennbare Neugierde oder Angst lief sie ganz ruhig die Treppe hoch, in das Haus hinein, sah ein Körbchen in einer Ecke und legte sich dort hin. Die nächsten Stunden geschah gar nichts. Sie lief nicht umher, winselte nicht, kratzte sich nicht, einfach nichts. Zur Nacht wollten wir mit ihr eine kleine Runde drehen, damit sie ihre Geschäfte erledigen konnte. Ohne sichtbare Regung folgte sie uns an der Leine, machte das Gewünschte im Garten und legte sich direkt wieder auf den ihr bereits bekannten Platz. So vergingen zwei weitere Tage. Fressen nahm sie, stand dazu jedoch nicht auf; ich musste ihr das Futter an ihren Platz bringen, wo sie es ohne große Lust annahm und dann wieder in den Zustand des Dösens verfiel. Dasselbe beim Spaziergang, sie kam an der Leine mit, lief neben mir her, verrichtete ihr Geschäft und legte sich zu Hause direkt wieder auf den immer genau gleichen Platz. Dort verhielt sie sich restlos ruhig, ohne Regung, Stunde um Stunde. Sie war extrem mager und eigentlich hätten wir sie wegen der Parasiten dringend baden wollen, aber das ließen wir sein, denn irgendwie war jedem klar, dass Catalina alles einfach viel zu viel war. Dann, nach ziemlich genau drei Tagen sah ich zufällig, wie sie in die Küche schlich. Ich versuchte, ihr so leise wie möglich zu folgen. Sie schnupperte an der Kante der Küchenkombination entlang, und ich traute meinen Augen nicht, plötzlich sprang sie mit allen Vieren auf die Küchenkombination – genau dorthin, wo das Katzenfutter angerichtet war. Dort balancierte sie nun und begann zu fressen. Natürlich machte ich kein Geschrei, denn einerseits wusste ich ja, dass diese spanischen Windhunde Schreckliches hinter sich haben und andererseits war ich ehrlich froh, dass sie endlich von sich aus eine Regung zeigte. Ich ging also nur ruhig zu ihr hin und hob sie wieder auf den Boden, wo ich ihr das Katzenfutter zur Belohnung für ihren Mut zum Fressen gab. Von dieser ersten eigenen Initiative aus, ging es schnell und gut weiter, sie war nicht extrem traumatisiert. Sie brauchte nur die Sicherheit, dass das, was sie sich selber zutraute, nicht durch Geschrei und Hektik unterbrochen wurde.

Dieser Bericht der Besitzerin von Catalina zeigt deutlich, wie sich hochgradiger Stress in einer Form von Apathie äußern kann. In so einer Phase ist es wichtig, das Tier in Ruhe zu lassen und ihm die Möglichkeit zu geben, selber wieder Boden unter den Pfoten zu bekommen. Viel mehr ist an Therapie nie gemacht worden, sie durfte am Leben teilnehmen, ist nie überfordert worden und hat sich so zu einer netten, unproblematischen Hundedame entwickeln können.

Nikita

Nikita zeigt das andere Extrem von Stresssymptomen. Sie ist eine Belgische-Schäferhund-Mix-Hündin, im Alter zwischen sieben und elf Jahren.
Nikita lebte bei einem „Züchter" in Spanien; die ersten Jahre ihres Lebens verbrachte sie in einer 80x80 Zentimeter großen Box. Mit Sicherheit hatte sie ein- oder zweimal Welpen. Nikita kam im Herbst 2006 in ein Tierheim in der Schweiz, in dem sie in einem Rudel, überwiegend aus Windhunden bestehend, lebte. Als sie von zwei Jagdhunden, die im Rudel integriert waren, gemobbt wurde und einen Schrei ausstieß, wurde sie von zwei Greyhounds heftig verbissen; ihre Magen- und Darmwand wurden dabei perforiert.

Nikita zeigte keine Aggressionen, verlangte aber Abstand, wenn sie einen Hund noch nicht kannte. Sie wurde in einem Haushalt aufgenommen, in dem bereits ein neunjähriger kastrierter Rüde sowie zwei Katzen und zwei Meerschweinchen lebten. Die Meerschweinchen fand Nikita interessant, solange sie sich nicht all zu schnell bewegten; vor den Katzen hatte sie anfänglich Angst. Der Rüde war für sie in Ordnung, da er an ihr nicht interessiert war. Draußen zeigte Nikita folgendes Verhalten: An der Leine ziehend lief sie im Kreis und suchte jede Gelegenheit, sich an Zäune oder Wände schutzsuchend zu drücken. Offene Wegstrecken konnte sie nicht passieren. Ihre Erregung zeigte sich in motorischer Unruhe und Bellen. In den ersten Tagen hatte sie mehrmals Durchfall am Tag, schließlich kotete sie einige Tage gar nicht mehr. Es bereitete ihr große Angst, wenn jemand in ihre Nähe kam; gleichzeitig fürchtete sie jedoch das Alleinsein. Auch in der Wohnung kam sie nicht zur Ruhe, sondern lief stereotyp umher. Sie zeigte panische Angst vor Männern, die Anwesenheit von Bobby, einem weiteren Familienhund überforderte sie ebenso sichtlich; schließlich verlegten wir ihren Schlafplatz in das Büro, weit ab von allen Tieren; mit Babygittern stellten wir sicher, dass auch keine Katze zu Nikita gelangen konnte. Als wir die Türgitter schließlich mit Tüchern verhängten, kam Nikita durch das eingeschränkte Blickfeld endlich zur Ruhe. Im Büro selbst stellten wir eine Hunde-Autobox auf.

Für die ersten Tage führten wir Nikita an der Leine durch die Wohnung. Ansonsten tigerte sie weiterhin stets über die gleiche Strecke durch die Räume, meist den Flur entlang, einmal Kratzen an der Haustür, dann die Treppe hoch in den oberen Stock, die Treppe wieder hinunter, einmal an der Haustür kratzen, um dann mit einem erneuten Gang über den Flur eine weitere Runde durch das Haus zu beginnen.

Die Hundebox im Büro diente als Ruheplatz für Nikita. War die Box mit Tüchern abgedeckt, konnte sich Nikita darin beruhigen und sogar schlafen. Die Box musste aber offenstehen, ansonsten begann die Hündin aufgeregt zu bellen. Die meiste Zeit, auch nachts verbrachte die neue Besitzerin, auf einer Matratze liegend bei Nikita im Büro.

Nach drei bis vier Wochen konnte Nikita allein im Büro schlafen, etwas später konnte die Bürotür geöffnet bleiben.

Nikitas Therapiebeginn war gekennzeichnet durch Ruhe, Ruhe und noch mal Ruhe – und intensivem Management. Ruhe ist die Voraussetzung, dass sich der Stresspegel senken kann; ist dieser niedrig, so kann ein Hund weniger ängstlich reagieren und positive Eindrücke sammeln. Das ruhige, mit der vertrauten Bezugsperson bewohnte Büro, die abgeschirmte Box, die Anwendung der Bowen-Therapie unterstützt durch Bandagen, Bachblüten und die Homöopathie, das Tragen eines blauen T-shirts, aber auch ebenso ein sehr gleichmäßiger Tagesablauf mit kurzen vertrauten Gassirunden, der Verzicht auf aufregenden Besuche

verhalfen Nikita zu zunehmender Entspannung. Der Übergang zur nächsten Therapiephase konnte schließlich beginnen, als Nikita die tägliche Routine selbstverständlich lebte. Nun begannen wir, konkrete Problemsituationen durch Gewöhnung, Gegenkonditionierung und Desensibilisierung zu trainieren.

Jetzt, sechs Monate später, kann Nikita sogar für eine kurze Zeit allein in der Wohnung bleiben. Sie begleitet ihre Besitzer täglich zur Arbeit, wo ihr ebenso wie zuhause zur Sicherheit ein Kennel zur Verfügung steht. Draußen kann sie mittlerweile relativ locker laufen und auch freie Flächen überqueren.

Während sich im vorangegangen Fallbeispiel Stress in Form von Apathie zeigte, steht hier das gegenteilige Extrem, die Ruhelosigkeit im Vordergrund. Beiden Tieren hilft Sicherheit, Ruhe und Lernen in bewusst kleinen Schritten.

Sitka
Nun ein Beispiel einer Hund-Mensch-Problematik

Sitka kam im Jahre 2005 im Alter von neun Wochen direkt von einem Züchter in unsere Familie. Es fiel auf, dass er sehr stark auf die menschliche Körpersprache reagierte; beugte sich jemand von uns nur ansatzweise vor, so wich er sofort nach hinten zurück; wurde er direkt oder für ihn zu lange angeschaut, verschwand er. Ebenso reagierte er auf schnelle Bewegungen in seine

Richtung. Beim ersten Spaziergängchen zeigte sich, dass er auch Angst vor Fahrrädern, Rollern, Autos und Lastern hatte. Die ersten beiden verbellte er lautstark, vor Autos und Lastern floh er ziemlich kopflos ins nächste Gebüsch. Jeder Fremde, der uns begegnete, wurde angeknurrt oder verbellt. Die Nachfrage bei der Züchterin brachte keine Erklärung für dieses Verhalten.

Wir nahmen an, Sitka habe eine übermäßige Scheu vor Menschen und sei für das tägliche Leben schlecht sozialisiert.

Wieder war Ruhe der erste Schritt der Therapie. Sitka sollte erstmal seine neue Familie kennenlernen und sich in und mit ihr sicherer fühlen. Die Spaziergänge wurden in ruhige Gegenden verlegt, damit er ohne unnötigen Stress gute Eindrücke sammeln konnte. Das erste Lernziel war der Aufbau des Aufmerksamkeitssignal; es diente als Vorbereitung für schwierige Situationen, in denen es wichtig sein würde, ihm Schutz mit der Botschaft „Hey, du bist nicht allein, ich passe auf dich auf!" zu geben. An seinem „Menschenproblem" begannen wir ebenfalls sofort zu arbeiten: Wir achteten sehr darauf, dass Sitka im Zusammenhang mit Menschen wirklich nur gute und stärkende Erfahrungen machte; Ausrufe wie „Nein, pfui, lass es" waren absolut tabu. Der geringste Druck von unserer Seite hätte Sitkas Einschätzung, Menschen sind gefährlich, bestätigt. Die ersten Wochen waren eine schwierige Zeit; denn trotz allem war Sitka ein ganz „normaler" Hütehundwelpe, der es lustig fand, in Hosenbeine, die durchs Wohnzimmer liefen, zu beißen; dabei war es egal, ob ein Erwachsener oder ein Kind in der Hose steckte. Staubsauger attackieren stand auch hoch im Kurs.

Mit Management, Unterbrechen des falschen Verhaltens und frühzeitigem Ablenken bzw. Umlenken des Fehlverhaltens haben wir es geschafft, dass wir nach zwei Wochen wieder ohne Hosenattacke durch unser Haus gehen konnten.

Zusätzlich zu diesem akuten Training begannen wir mit einer Art "Körpersprachdesensibilisierung". Am Anfang hielten wir uns ganz strikt an die Höflichkeitsformen der hündischen Kommunikation, mit der Zeit, nach Wochen und Monaten begannen wir, immer ein

klein bisschen mehr „menschliche" Unhöflichkeiten mit Sitka zu üben, diese positiv zu belegen und ihm so zu zeigen, dass sich Menschen so verhalten. Für die Alltagssituationen draußen fingen wir mit gestellten oder echten, aber kontrollierbaren Situationen an und änderten so seine Assoziationen zu Fahrrädern, Rollern, Inliner – dank unserer drei Kinder war dies leicht zu organisieren. Auch Autos und Laster wurden erst aus größerer Entfernung, später in alltäglichen Situationen mit Leckerli kombiniert. Auf die gleiche Art und Weise konnten wir Sitka in Bezug auf fremde Menschen desensibilisieren und sozialisieren. Hier war es mir wichtig, dass er im Training über einen langen Zeitraum das Gute, die verstärkende Belohnung von mir und nicht von einer fremden Personen bekam. Sitka sollte nicht lernen, dass es sich lohnt, einen fremden Menschen zu kontaktieren; mein Ziel war es vielmehr, dass er ohne Angst entspannt an ihnen vorbeizulaufen lernt.

Heute ist Sitka ein Hund, der mit Fahrrädern, Rollern, Inlinern und Joggern keine Probleme mehr hat. Passanten können selbst im Dunkeln plötzlich auftauchen, ohne dass er aufgeregt auf sie reagiert. Er schaut lediglich zu mir, um sich zu vergewissern, dass ich den anderen Menschen auch gesehen habe; danach kann er sich wieder anderen Dingen zuwenden.

Grisette
im Folgenden ein Fallbeispiel für Angst vor Allem, egal ob Mensch, Hund oder irgendwelchen Dinge

Grisette lebte in einem französischen Tierheim und stand auf der Einschläferungsliste. Durch eine Tierschutzorganisation konnte sie vermittelt werden; die heutige Besitzerin wollte damals nur für drei Tage eine Pflegestelle bieten, bis die eigentliche Hundehalterin Zeit hatte, sie zu übernehmen. In diesen drei Tagen verhielt sich Grisette auf ihrer Pflegestelle unauffällig. Nach der vereinbarten Zeit wechselte Grisette in ihr neues Zuhause; doch es dauerte nur kurze Zeit, bis sich der Tierschutz erneut bei der Dame der Pflegestelle meldete. Diese erfuhr, dass Grisette ihren neuen Besitzern entlaufen sei und bislang nicht gefunden werden konnte. Nach gemeinsamer Suche konnte Grisette schließlich gefunden werden, allerdings trächtig. Ein Zurückkehren in die ursprünglich geplante Familie war undenkbar; sie wurde wieder in der Pflegefamilie, nun als neues Familienmitglied bei zwei erwachsenen Kindern und einem weiteren Hund aufgenommen. Aufgrund verschiedener medizinischer Gründe wird die Trächtigkeit operativ beendet, und Grisette gleichzeitig auch kastriert. Innerhalb der nächsten drei Wochen stellte sich heraus, dass Grisette nicht ganz so unproblematisch war, wie es auf dem ersten Blick erschien. Angefangen von Fahrrädern, über Menschen bis hin zu Artgenossen und allen möglichen alltäglichen Dingen kam sie mit nichts wirklich leicht zurecht. Sie schnappte nach Fremden, gebärdete sich beim Anblick anderer Hunde wild an der Leine und attackierte jedes Fahrrad.

Es war schwierig, Grisette zu lesen und zu erkennen, was ihr eigentlich Angst bereitete. Zuerst versuchte sie stets, die angstauslösenden Objekte zu ignorieren, in dem sie sich eng an ihr Frauchen drückte. Bewegte sich die Bedrohung – in welcher Form auch immer – auch nur ansatzweise oder kam sogar näher, dann „explodierte" Grisette, bellte ausdauernd und panisch, selbst wenn das Angstobjekt schon lange außer Sicht war. Auf dem ersten Blick schien die Hündin mit den Situationen zurecht zu kommen und dann grundlos zu reagieren. Ungefähr zu diesem Zeitpunkt kam Grisette zu mir ins Training.

Der erste Schritt in Grisettes Therapie war eine Umorganisierung ihres Alltags; Ziel war es, durch einen täglich auf die gleiche Art und Weise strukturierten Alltag einschließlich der Spaziergänge sicher zu stellen, dass die Hündin keine weiteren negativen Erfahrungen machen würde. Außerdem machten wir uns auf die Suche nach ihren persönlichen Stress- und Unsicherheitszeichen, um sie besser zu verstehen. Sie lernte ohne Druck und mit ausschließlich positiver Bestätigung das Aufmerksamkeitssignal „Guck mal zu mir"; dieses Training bauten wir in sehr kleinen Schritten mit viel Geduld auf; es war unser Wunsch, dass beim Hören dieses Signals Grisette in tiefes Wohlempfinden fallen würde und nicht mehr erschrecken müsse.

Als wir durch diesen Schritt durch waren, folgte der nächste, das Parallellaufen mit Menschen, so dass Grisette gute Erfahrungen in der Nähe von fremden Menschen machen konnte. Hier war es wichtig, immer in der Entfernung zu bleiben, in der sich Grisette noch wohl fühlte und offen fürs Lernen war. Grisettes Lösung war bislang stets das Abtauchen auf eine innere Insel mit anschließend plötzlicher Überreaktion. Wir wollten um alles in der Welt eine Wiederholung dieses Verhaltensmusters verhindern.

Als auch dies erfolgreich erarbeitet war, konnte Grisette die Problemhundegruppe besuchen. Dank eines individuellen Trainingsprogramms lernte sie, mit zahlreichen Situationen leichter umzugehen und eine vertrauensvolle Beziehung zu ihrer Besitzerin aufzubauen. Denn sie machte die Erfahrung, dass Frauchen immer zuverlässig für sie da war und ihr aus jeder schwierigen Lage heraushalf. Deshalb konnte man im Laufe des Trainings sehen, wie Grisette loslassen und sich auf ihre Besitzerin verlassen konnte. Nun konnte sie auch an Social-Walks teilnehmen, das erste Mal mit besonders großem Abstand zu den anderen Hunden und immer an letzter Position, damit sie Platz und Ruhe hatte, alles in sich auf zu nehmen; mittlerweile läuft Grisette ohne Problem zwischen allen anderen Hunden mit.

Heute nach anderthalb Jahren Training ist Grisette in der Lage, die meisten alltäglichen Situationen ohne Auffälligkeiten zu meistern; manchmal reagiert sie zwar noch kurz, bleibt aber ansprechbar und lässt sich direkt mit ihrer Aufmerksamkeit umlenken.

Milo, Sam, Haskia und viele andere zum Thema Gesundheit
Tiere mit Krankheiten oder handicaps entwickeln
nicht zwangsläufig Verhaltensprobleme. Vielmehr ist
es meine Erfahrung, dass Hunde, die schon vor ihrer
Erkrankung unsicher oder ängstlich in einem Bereich
ihres Lebens waren, hier oft Probleme entwickeln. Der
Stress, der im Körper durch die Erkrankung ausgelöst
wird – sei es durch Schmerzen, Unwohlsein, Müdig-
keit, Disharmonien – zeigt sich am deutlichsten in
Bereichen, in denen der Hund vorher schon unsicher
war.

Das ist der Grund, warum viele Hunde trotz einer
Krankheit mühelos durchs Leben gehen, während
andere zu ihrem medizinischen ein verhaltensauffälli-
ges Problem entwickeln.

Hier nun in aller Kürze einige Beispiele, wie unterschiedliche Krankheiten auf verschiedene Hunde
wirken können.

Milo leidet an Myasthenia gravis, einer Autoimmuner-
krankung. Seine Unsicherheit Hunden und Menschen
gegenüber ist dadurch schlimmer geworden; verhal-
tenstherapeutisch kann man nur an den Symptomen
arbeiten; die Behandlung der eigentlichen Ursache
liegt in den Händen des Tierarztes, der leider auch nur
helfen, aber nicht heilen kann. Gemeinsam versucht
man, unterstützend zu wirken; Stress und Aufregung
werden möglichst ferngehalten, da diese Stressoren
stets eine Krankheitsverschlimmerung nach sich
ziehen.

Sam, ein Greyhound-Rüde, dem fälschlicherweise von
verschiedenen Hundetrainern und Tierpsychologen
„Dominanz" attestiert wurde. Er knurrte „seine"
Menschen an oder schnappte sogar nach ihnen, wenn
er geweckt wurde, sich erschreckte oder irgendetwas
Unerwartetes hinter seinem Rücken passierte.
Gesundheitlich wurde eine Rückenmarksverknöche-
rung festgestellt; die daraus resultierenden Schmerzen
waren der Grund seiner Aggression, die nichts mit
Dominanz zu tun hatte.

Haskia, eine Schäferhündin, war an Keratitis, einer ent-
zündlichen degenerativen Augenerkrankung erkrankt,
die vermutlich als Folge eine verminderte Sehkraft
hatte. Bei schlechten Lichtverhältnissen verbellte sie
andere Hunde und auch Gegenstände, weil sie sie nicht

mehr richtig erkennen konnte. Die eingeschränkte
Wahrnehmung machte sie unsicher.

Die Liste solcher Fallbeispiele ist endlos. Alle Bereiche
der Gesundheit, unabhängig, ob es sich um akute
Beeinträchtigungen wie Ohrenentzündungen, Läufig-
keiten, Kastrationen oder um chronische Erkrankungen wie Arthrosen, Autoimmunerkrankungen oder
Schmerzen handelt, können auf das Verhalten der Tiere
Einfluss nehmen. Wenn Tiere Angst und Stress zeigen,
ist es daher sinnvoll, sie gründlich auf ihre Gesundheit
untersuchen zu lassen. Ich empfehle, auch komplementäre Methoden in Anspruch zu nehmen; sie tragen
zum allgemeinen Wohlbefinden der Tiere bei und
können viele Krankheitssymptome und Verhaltensauffälligkeiten lindern oder heilen. Ein Lebewesen – gleich
ob Mensch oder Tier – hat eine höhere Stresstoleranz,
wenn es ihm körperlich gut geht.

6

TRAININGSMETHODEN
UND HILFSMITTEL

In diesem Kapitel stelle ich Ihnen die Trainingsmethode der positiven Bestätigung und wichtige Signale sowie „Hilfsmittel" im Bezug auf ängstliche und gestresste Hunde vor.

Lernen über „positive Bestätigung" ist kein Zufall, sondern in der Lerntheorie begründet. Es gibt vier Möglichkeiten, das Verhalten von Tieren zu beeinflussen. Die Konsequenz, die ein Tier erfährt, entscheidet darüber, ob es sein Verhalten als lohnenswert oder eben nicht erlebt. Lohnt sich das Verhalten, so wird es öfter gezeigt, lohnt es sich nicht, nimmt die Häufigkeit ab. In der Lerntheorie unterscheidet man jeweils zwei Wege, die Verhalten verstärken oder minimieren. Verhalten wird öfter gezeigt, wenn es entweder positiv oder negativ bestätigt wird. Positive oder negative Bestrafung bewirkt eine Verminderung des Verhaltens. „Positiv" steht hier für „rechnerisch etwas dazu geben", nicht für „angenehm". Möchte man erreichen, dass der Hund ein Verhalten öfter zeigt, muss es sich für ihn lohnen. Das kann man zum einen erreichen, in dem man den Hund nach seinem gewünschten Verhalten lobt, ihm ein Leckerli gibt oder mit ihm spielt. Der Hund wird durch eine angenehme Konsequenz positiv bestätigt. Die andere Möglichkeit ist die Beendigung einer für den Hund unangenehmen Erfahrung, sobald er das gewünschte Verhalten anbietet. So wird das Tier beispielsweise durch das Nachlassen des Zuges an der Leine negativ bestätigt. Soll ein Verhalten seltener werden, so wird dem Hund bei einer positiven Strafe eine unangenehme Erfahrung zugefügt, sobald er sich „falsch" verhält; bei der negativen Strafe entzieht man ihm etwas Angenehmes.

Das Lernziel, an lockerer Leine laufen, könnte entsprechend so vermittelt werden:

Durch positive Bestätigung:
Wir wünschen uns einen Hund, der, ohne an der Leine zu ziehen, läuft. Jedes Mal, wenn der Hund dieses Verhalten anbietet, initiieren wir etwas Positives – wir geben einen Belohnungsbrocken, sprechen liebevoll mit dem Tier oder beginnen ein gemeinsames Spiel. Der Hund wird immer mehr an der lockeren Leine laufen, da sein Verhalten eine gute Konsequenz hat.

Durch negative Bestätigung:
Solange der Hund an der Leine zieht, drückt es ihm die Luft ab – ein unangenehmes Gefühl. Lässt das Tier den Druck nach, fühlt es sich besser; es lernt, weniger Ziehen lohnt sich, denn es fühlt sich angenehmer an.

Durch positive Strafe:
Wenn der Hund an der Leine zieht, wird er verbal oder physisch gestraft; lässt er das Ziehen nach, wird sofort die Bestrafung beendet. Der Hund macht die Erfahrung, weniger Ziehen macht weniger Ärger.

Durch negative Strafe:
Der Hund läuft an lockerer Leine, er bekommt unsere Zuwendung und Leckerlis. Nun beginnt der Hund zu ziehen, und wir beenden unsere Aufmerksamkeit, es gibt keine Leckerlis mehr. Der Hund verliert das Gute, wenn er mit dem falschen Verhalten beginnt.

Wenn man den Abschnitt jetzt aufmerksam durchgelesen hat, müsste man bei der negativen Bestätigung gesagt haben, alles Mist, das passiert ja immer, der Hund zieht, es würgt ihn am Hals, aber aufhören mit Ziehen tut der Hund trotzdem nicht. Stimmt! Denn im Alltag ist man leider nicht in einem geplanten Laborversuch unterwegs, sondern eben im normalen Leben, und hier zieht einem genau dieses Leben manchmal einen Strich durch die Rechnung. Natürlich ist der Zug der Leine am Hals unangenehm, aber der Erfolg dort hinzukommen, wohin der Hund gerade möchte, ist eben im gleichen Moment eine positive Bestätigung. Meist wiegt diese stärker als der Zug am Hals. Die Lösung ist nicht, den Schmerz am Hund zu erhöhen, um gegen die positive Bestätigung von der Umwelt zu gewinnen! Das wird seit Jahren mit Würge- und Stachelhalsbändern erfolglos versucht. Die Lösung ist, diesen Weg zu vergessen! Das Gleiche gilt für die positive Strafe. Man kann nie genau sagen, wie stark ein Hund eine Handlung als Strafe empfindet, wie stark diese sein muss, um gegen eine Ablenkung zu „gewinnen". Hier endet man sehr schnell in einer Druck- und Gewaltspirale. Denn Druck erzeugt Gegendruck, und es kann sein, dass der Hund statt mit dem Ziehen aufzuhören stärker dagegen hält. Die meisten Hunde verhalten sich erstmal so. Zusätzlich funktioniert Strafe nur, wenn das Timing stimmt; meist ist der Mensch jedoch zu langsam. Das wichtigste Argument ist aber, dass Gewalt und Druck die Basis in der Beziehung zwischen Lebewesen, das gegenseitige Vertrauen zerstören. So bearbeitete Tiere entwickeln sich eher zu zurückhaltenden, unterwürfigen Tieren. Ein weiteres Gegenargument ist die mögliche Fehlverknüpfung: Ein Hund, der beispielsweise mit Leinenruck für sein Ziehen positiv bestraft wird, verknüpft vielleicht mit dem Schmerz das Kind, das er gerade vor sich über die Straße gehen sieht. Und „schwupp", weiß der Hund „Kind tut weh!" und ruft diese Erfahrung eventuell bei seiner nächsten Kinderbegegnung ab. Hunde lernen sehr direkt und verknüpfen Eindrücke unmittelbar miteinander.

Wirklich gute Wege, das Verhalten von Hunden zu beeinflussen sind die positive Bestätigung und die negative Strafe: Das bedeutet für den an der Leine ziehenden Hund aus unserem Beispiel, er bekommt Lob oder eine andere positive Bestätigung, wenn er schön an der Leine läuft, oder er wird als negative Strafe durch unser Stehenbleiben daran gehindert, ans Ziel zu kommen.

Werden diese Wege konsequent betrieben, sind sie erfolgreich und pflegen das Vertrauen zwischen Hund und Halter.

Ebenso wichtig ist es, sich vor dem Training bewusst zu machen, was unserer Meinung nach der Hund lernen soll. Wir müssen also über die Formulierung dessen, was wir nicht möchten, hinausgehen und konkrete Ziele definieren. Es ist hilfreich, ein Trainingstagebuch zu führen; so kann man leicht die einzelnen Trainingsschritte und -methoden rekapitulieren und in Bezug auf Erfolge und Rückschritte überprüfen und weiterplanen; gerade kleine Erfolge werden so leichter wahrgenommen und gewürdigt. Oft hat man nämlich schon mehr erreicht, als einem wirklich bewusst ist. Die Trainingsstunden und auch Spaziergänge sollten wirklich gut geplant sein. Nur so ist ein erfolgreiches Training möglich. Stellen Sie eine Hitliste über die Belohnungen Ihres Hundes zusammen, ebenso eine Liste über die Ablenkungen, die Ihrem Tier am schwersten fallen. Vielleicht läuft ein Hund ohne Ablenkung wunderbar locker an der Leine; am Tag der

Müllabfuhr, wenn die Straßen mit Mülltonnen gesäumt sind, fällt ihm das aber deutlich schwerer. Dann steht ein Training an den Mülltonnen an, indem man diese Schwierigkeit in kleinen, vom Hund zu bewältigenden Schritten in das Training einbaut.

Die Ausbildung von Hunden verläuft ebenso wie die Schulausbildung unserer Kinder, Klasse für Klasse mit steigenden Herausforderungen. Hunde wie Kinder müssen durch alle Klassen, um am Schluss ihre Prüfungen bestehen zu können. Das bedeutet, ein Hund beginnt im Kindergarten mit einer Übung, z.B dem „Sitz". Er lernt es ohne Ablenkung im sicheren Zuhause, übt es dann in aller Ruhe an verschiedenen Orten ohne Ablenkung (Grundschule), bis er es dann mit geringer bis starker Ablenkung draußen trainiert (höhere Schule); dann kann man es in wirklich schwierigen Situationen von ihm erwarten (Prüfung). Meistens wird von den Hunden kurz nach dem Besuch des Kindergartens bereits die erste Prüfung verlangt. Eine Prüfungssituation könnte sein, dass sich der Hund setzen soll, während zwei andere Tiere in seiner Nähe fröhlich spielen. Das wird nicht funktionieren. Gibt man sich selber und dem Hund Zeit, durch alle Klassen durch zu gehen, klappt es in der Regel sehr gut.

Bei der praktischen Arbeit steht die Sicherheit des Hundes und der Umwelt stets an erster Stelle. Die regelmäßige Überprüfung der Ausrüstung und Anpassung an die Trainingsbedingungen gehören an den Beginn jeder Aktivität. Unter Umständen kann es nötig sein, sich eine neue vertrauenswürdige Leine anzuschaffen, bewusst ein eingezäuntes Trainingsgebiet zu wählen oder dem Hund vorübergehend einen Maulkorb anzulegen; es ist die Pflicht jedes Hundehalters und Trainers, die volle Verantwortung für die Situation zu übernehmen und entsprechend zu handeln. Dies betrifft nicht nur den Umgang mit ängstlichen oder aggressiven Tieren; auch selbstsichere Tiere können plötzlich erschrecken und unerwartet vor ein Auto springen. Es ist naiv, an einer befahrenen Straße dem Tier blind zu vertrauen. Es geht um Sicherheit für alle Beteiligten in jeder Situation.

TRAININGSMETHODEN

Stressreduktion

Angst setzt Stresshormone frei, Stress belastet den gesamten Organismus. Steht der Körper permanent unter „Strom", so kann der Hund nicht zur Ruhe kommen und trotz entspannter und kontrollierter Umgebung nicht lernen. Deshalb steht am Anfang jeder Therapie, den Hund zu „entstressen".

Ruhe ist ein sehr wichtiger Punkt bei der Stressreduktion, denn im Schlaf können Lebewesen, Hunde wie Menschen Stress verarbeiten. Hunde schlafen oder ruhen zwischen 16 bis 18 Stunden am Tag. Je nach Verfassung des Tieres können diese Auszeiten gerade zu Beginn gern länger sein.

Lecken und Kauen sind weitere effektive Möglichkeiten, Stress abzubauen. Sie wirken beruhigend auf den Organismus und Stress entgegen. Im Maulbereich befinden sich zahlreiche Nervenenden, die mit dem limbischen System in Verbindung stehen und dort entspannend wirken. Deshalb beginnen so viele Hunde, in stressigen Situationen zu kauen, zu bellen oder zu lecken. Sie stimulieren ihr limbisches System und versuchen, sich selbst zu entstressen. Dieses natürliche Verhalten wird durch entsprechende Schleck- und Kauartikel unterstützt.

Es lohnt sich die Mühe, die Ursache von Stresssymptomen zu erforschen. Welche Situationen sind es, die Ihrem Tier schwer fallen? Je nach Hund, Situation und Gesamtzustand des Hundes ist es hilfreich, diese Situationen erst einmal ganz zu meiden, um dann mit einem gezielten Training zu beginnen. Dadurch kann sich das Tier Schritt für Schritt an die Belastung gewöhnen. Ziel dieses Trainings ist es, dass Ihr Hund diese Situationen meistert, ohne gestresst zu reagieren. Manche Situationen lassen sich auch so verändern, dass sie den Hund nicht mehr schwer fallen. Analysieren Sie jede Situation genau, was stresst Ihren Hund? Muss er mit dieser Situation umzugehen lernen? Wenn ja, wie kann ich die Situation verändern, damit sie für meinen Hund einfacher wird? Wie muss ich das Training aufbauen, damit mein Hund lernt, „alles ist ok, brauchst dich nicht aufzuregen und Stress entwickeln?" Dann beginnen Sie, in kleinen, kurzen und vereinfachten Sequenzen zu üben. Machen Sie Übungssituationen so einfach, dass sich Ihr Hund wohl fühlen kann. Mit der Zeit können dann die Übungssituationen länger und schwieriger werden und sich so allmählich den realen Umständen anpassen. Die Variante „Augen zu und durch", funktioniert übrigens nie, die Hunde lernen lediglich, dass sie die Situation überleben, nicht mehr und nicht weniger. Mit „sich Wohlfühlen" hat das nichts zu tun.

Oft liegt die Ursache von Stress im Tagesablauf. Kleinste Veränderungen im Alltag können einen großen Einfluss auf den Stresspegel unserer Hunde haben. So kann es auf einen Hund, der sich riesig auf einen Spaziergang freut, beruhigend wirken, wenn ihm zuerst die Leine angelegt wird, bevor sich der Halter für den Gang fertig macht; so wird dem Tier die mögliche Erwartungsunsicherheit „Darf ich mit oder nicht?" genommen und Klarheit geschaffen.

Für meine beiden Hunde ist es immer besonderer Stress, wenn wir in den Urlaub fahren; sie kennen sehr genau die Bedeutung von gepackten Koffern und wollen natürlich mit dabei sein. Um ihnen Sicherheit zu geben, lasse ich sie am Abfahrtstag etwas früher ins Auto; manchmal ist das für uns ein wenig unbequem, weil wir mit den Gedanken gerade in solchen Situationen ganz woanders sind; aber unsere Tiere danken uns diese kleine Aufmerksamkeit mit Entspannung.

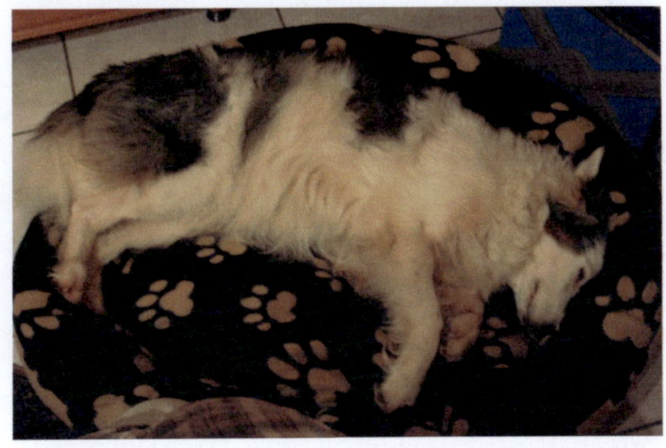

„Konditionierte emotionale Reaktion" (KER) ist eine Möglichkeit, aktiv zur Entspannung unserer Hunde beizutragen. Was sich so wissenschaftlich anhört, ist etwas ganz Alltägliches. Die Grundlage ist die klassische Konditionierung, bei der ein Lebewesen einen bisher neutralen Stimulus mit einem Gefühl, einem Reflex oder einer anderen nicht willentlich beeinflussbaren Reaktion zu verbinden lernt. Was sich so kompliziert anhört, kennen wir alle. Wie fühlen Sie sich, wenn Sie den typischen Geruch einer Zahnarztpraxis riechen? Also mir grummelt es direkt im Magen; und das passiert, ohne dass ich dieses Gefühl irgendwie beeinflussen könnte oder bewusst gelernt hätte. Wenn Sie unerwartet die Pausenglocke Ihrer alten Schule hören, stecken Sie vielleicht ebenso unerwartet in alten Gefühlen, die Sie mit Schule und Pause verbinden. Oder wie geht es Ihnen, wenn Sie ein altes Lied im Radio hören? Je nach Erfahrung, die Sie mit dem Lied gemacht haben, fühlen Sie sich gut oder eher schlecht. Das alles sind Beispiele für eine konditionierte emotionale Reaktion, denn eigentlich gibt es keinen Grund, warum der Geruch nach Desinfektionslösung ein Bauchgrummeln auslösen sollte, es sei denn, wir haben gelernt, dieser Geruch bedeutet nichts Gutes. Dieses Prinzip kann man sich zu Nutze machen und bestimmte Gesten, Worte oder Gerüche dem Hund als Zeichen für Entspannung und Wohlfühlen konditionieren. Diese „Wellnesssignale" sind dann in aufregenden und beängstigenden Situationen abrufbar und erleichtern dem Hund das Leben. Aufgebaut werden diese Gesten, Worte oder Gerüche, wenn das Tier entspannt ist; es verbindet seinen momentanen angenehmen Gemütszustand mit dem, was ihm angeboten wird. (nach CumCane) Lassen Sie sich für einen gründlichen Aufbau Zeit, und Sie können dann den Erfolg erleben, wenn Ihr Hund von einem besonders aufregenden Spaziergang nach Hause kommt und trotz körperlicher Auslastung unruhig bleibt. Sagen Sie ihm beispielsweise sein Entspannungswort, und Ihr Tier wird sich vermutlich wesentlich besser entspannen und schneller zur Ruhe kommen. Dasselbe können Sie bei leicht ängstigenden Situationen machen. Sie werden sehen, es hilft Ihrem Hund, einen kühleren Kopf zu behalten. Aber Achtung – die konditionierte Entspannung muss immer wieder im entspannten Zustand „aufgeladen" werden, sonst verliert sie im Laufe der Zeit ihre Wirkung.

Hunden, die aufgrund von erfolgreicher Therapie oder anderen Lebensumständen „nur" unter mittlerem oder leichtem Stress leiden, kann Kopfarbeit zur Stressreduktion angeboten werden. Einerseits halten Konzentration und Denken die negativen Folgen von Stress im Zaum; andererseits führen Erfolge zur Steigerung des oftmals brüchigen Selbstbewusstseins ängstlicher Tiere; diese Selbstsicherheit überträgt sich auch auf andere Situationen des Lebens. Ebenso lastet Denkarbeit Hunde auf gute Art und Weise aus und verhindert, dass sie aufgrund von Unterforderung Stress erleben. Mit Kopfarbeit sind all jene Beschäftigungen gemeint, zu deren Lösung der Hund nachdenken muss und Ruhe und Beharrlichkeit zum Ziel führen. Sie können Ihrem Hund neue Tricks beibringen, Nasenarbeit anbieten oder neue Orte erkunden. Sie werden sehen, wie viel Freude und positive Nebeneffekte diese Art von Hundesport mitbringt.

Es ist wichtig, während der gesamten Therapie auf ein niedriges Stressniveau zu achten. Dies ist für den Erfolg des Trainings entscheidend.

Strukturen im Alltag geben Sicherheit; das ist beim Menschen ebenso wie bei Tieren. Alle mögen gleiche Abläufe, und je ängstlicher und gestresster sie sind, um so wichtiger ist dieser Aspekt. Das bedeutet aber nicht, dass der morgendliche Spaziergang gewohnheitsmäßig stets um 6.00 Uhr stattfinden muss; vielmehr ist die ritualisierte Abfolge von Bedeutung, wie beispielsweise die Fütterung nach dem ersten Gang. Ebenso ist es hilfreich, dem Tier zuverlässig anzukündigen, was als nächstes folgt. Auch das gibt Sicherheit und Halt.

Aufmerksamkeitssignal
Das Aufmerksamkeitssignal soll die Aufmerksamkeit des Hundes auf den Besitzer lenken. Es ist kein anderer Rückruf, sondern eine Aufforderung, Kontakt herzustellen. Der Blick des Hundes reicht hier schon. Hat man diesen ersten Kontaktaufbau des Hundes, kann dem Hund durch weitere Signale gesagt werden, was genau gerade von ihm gewünscht wird. Geräusche wie Schnalzen, Kusslaute oder ein kurzer Pfiff eignen sich besonders; sie heben sich von unserer Sprache deutlich ab und sind auch zu jederzeit ohne Hilfsmittel erzeugbar. Es sollte auch mit kalten trockenen Lippen form-

bar sein. Probieren Sie aus, welches Geräusch Ihr Hund besonders mag und worauf er leicht reagiert, ohne zu überdrehen und hektisch zu werden.

Dieser Laut sollte ausschließlich dem Hund gelten. Richtig aufgebaut und sicher verinnerlicht kann er in vielen Situationen genutzt werden – so zum Beispiel beim Laufen an der Leine. Der Hund bekommt das Geräusch, bevor er an der Leine zieht, richtet seine Aufmerksamkeit auf den Hundehalter und kann so auf einen Richtungswechsel aufmerksam gemacht werden, ohne vorab in die Leine laufen zu müssen. Auch frei-laufenden Tieren kann so eine Änderung der Richtung angezeigt werden. Die Aufmerksamkeit seines Hundes zu bekommen ist auch sehr hilfreich, wenn er gerade auf eine Mülltonne zusteuert. Mittels dieses Signales kann das Tier in den verschiedensten Situationen umorientiert werden. Dabei kommt es auf das Timing an; das Geräusch muss erklingen, bevor sich der Hund an den Gegenstand oder Lebewesen „mental gebunden hat". Gelingt einem dies, kann man mit einem Hund an dem Objekt der Begierde vorbei gehen, ohne dass es zu einer Leinenreißprobe kommt, oder der leinenlose Hund einfach hinrennt.

So kann man das Aufmerksamkeitssignal einsetzen, beim Vorbeigehen an anderen Personen, darf der Hund gucken, dann bekommt er das Aufmerksamkeitssignal und guckt zu seinem Besitzer, anschliessend guckt er wieder in eine andere Richtung.

Das Geräusch kann auch sehr gut in der Angsttherapie eingesetzt werden. Bei der Begegnung mit einem angstauslösendem Objekt wird so die Aufmerksamkeit des Hundes an die Person des Hundehalters gebunden; gemeinsam kann man so einen Bogen um das Objekt gehen, es passieren lassen oder im schlimmsten Fall umdrehen.

Das Training des Aufmerksamkeitsgeräusches kann der Start zu einem Alternativverhalten sein. Wenn der Hund ein Problem mit Menschen hat, das Geräusch bereits geübt ist und es nun jedes Mal beim Anblick eines Menschen hört, wird der Hund früher oder später von selbst seine Aufmerksamkeit an den Hundehalter statt den fremden Menschen richten. Anstatt diese anzubellen oder mit eingezogenem Schwanz zu meiden, ist das eine wunderbare entlastende Alternative.

Der Aufbau des Geräusches ist recht simpel. Wenn Sie ein Geräusch gefunden haben, das Sie einfach machen können, beginnen Sie mit folgender Übung: Sie nehmen sich eine Handvoll sehr gute Leckerli, der Hund steht entweder schon erwartungs-voll bei Ihnen oder Sie rufen ihn zu sich heran. Ist der Hund bei Ihnen angekommen, formen Sie das Signalgeräusch und geben sofort das Leckerli. Ihr Hund muss keine spezielle Bewegung zu Ihnen hin machen! Das wiederholen Sie fünf bis zehn Mal. Nun warten Sie, bis der Hund wegguckt, Sie machen das Geräusch, und sobald sich sein Blick Ihnen zuwenden, bekommt

er die Belohnung. Jetzt können Sie erkennen, ob Ihr Hund mit dem Geräusch etwas Gutes verknüpft hat. Guckt er Sie an, wenn das Geräusch erklingt, dann hat er diesen Schritt begriffen. Wenn nicht, dann müssen Sie den ersten Schritt noch einige Male wiederholen. Überprüfen Sie die Qualität der Leckerli, es muss Weltspitze sein. Zusätzlich kontrollieren Sie Ihr Timing; ist man ein bisschen zu langsam, kann es sein, dass der Hund nicht das lernt, was er soll. Die Belohnung muss wirklich direkt nach dem Geräusch kommen. Wenn der Test funktioniert, machen Sie folgendermaßen weiter: Warten Sie, bis Ihr Hund ein bisschen Abstand zu Ihnen hat, vielleicht müssen auch Sie ein bisschen von ihm weggehen. Jetzt machen Sie Ihr Geräusch, guckt Ihr Hund zu Ihnen, zeigen Sie ihm das Leckerli und geben es ihm, wenn er kommt. Auch dies wiederholen sie fünf bis zehn Mal. Und nun ist erstmal PAUSE.

Nun wird es etwas schwieriger: Nach der Pause führen Sie zwei Wiederholungen des letzten Punktes durch; dann warten Sie wieder, bis der Hund Abstand zu Ihnen hat. Sie machen wieder das Geräusch; wenn Ihr Tier kommt, gehen Sie noch ein bis zwei Schritte mit ihm gemeinsam in eine Richtung, bevor er das Leckerli bekommt. Diese Übung sollte drei bis sechs Mal wiederholt werden. Nun können Sie bei jedem Training den Abstand vergrößern oder beginnen, Ihren Hund im Haus mit diesem Geräusch zu rufen, wenn Sie etwas Leckeres für ihn haben.

Das Aufmerksamkeitssignal wird in ganz verschiedenen Situationen genutzt. Es ist sinnvoll, die Übung erst im Haus mit und ohne Leine, danach auch draußen zu üben. Wenn Sie in einer neuen Umgebung trainieren, machen Sie die Übung etwas einfacher als im gewohnten Umfeld. So hat Ihr Hund die Chance, die Übung erfolgreich zu bewältigen. Es ist wichtig, ein neues Signal langsam aufzubauen und gut zu generalisieren, bevor es unter großer Ablenkung wirklich abrufbar ist.

Desensibilisierung und Gegenkonditionierung
Beide Techniken haben zum Ziel, dem Hund die Angst vor einem bestimmten Objekt oder Lebewesen zu nehmen und ihm zu helfen, diese mit einem guten Gefühl zu verknüpfen.
Bei der Desensibilisierung wird der Hund langsam an den Angstauslöser herangeführt. Hier wird viel über die Gewöhnung gearbeitet, so dass der Angstauslöser langsam seinen Schrecken verliert.

Die Gegenkonditionierung ist eine Methode aus der Verhaltenstherapie, die davon ausgeht, dass Fehlverhalten erlernt ist und daher auch wieder verlernt werden kann. Ein angstauslösender Reiz wird mit etwas Positivem gekoppelt, so dass sich die Angst allmählich verliert. Die Konfrontation mit dem Angstauslöser wird sehr niedrig dosiert und in besonders hohem Ausmaß positiv belegt. Das bedeutet, Sie zeigen Ihrem Hund das Angstobjekt in einer Entfernung, die so groß ist, dass Ihr Hund sich noch wohl fühlen kann; gleichzeitig belohnen Sie ihr Tier mit besonders hochwertigem Futter. So wird die Verknüpfung zum Angstobjekt allmählich ihre negative Färbung verlieren und sich ins Positive wandeln.

Bei der Gegenkonditionierung ist Futter als Belohnung meist besser geeignet als eine Spielaktivität, da es beruhigend wirkt und schneller weitergearbeitet werden kann. Bei einem Spiel dauert die Unterbrechung meist länger, und viele Hunde drehen sehr auf.

Beide Methoden sollten langsam und stets nur in dem Bereich, in dem sich das Tier wohlfühlt, erarbeitet werden.
Meistens finden beide Techniken gleichzeitig statt; sie sind im täglichen Leben fast nicht trennbar.
Beide haben den Vorteil, ohne Druck zu funktionie-

ren; man kann mit und an den Grenzen des Hundes arbeiten, ohne diese zu überschreiten oder den Hund zu etwas zu zwingen. Die einzige Voraussetzung ist das Verständnis der Körpersprache des Hundes.

Parallellauf

Die Trainingsmethode des Parallellaufens hilft dem Hund, seine Angst vor bestimmten Lebewesen oder Objekten abzulegen. Dies geschieht über eine Mischung von Desensibilisierung und Gegenkonditionierung. Hunde entwickeln so eine neue Assoziation den Angstobjekten gegenüber. Die Methode ist besonders bei Hund-Hund- oder Hund-Mensch-Problemen geeignet.

Der Abstand zwischen dem ängstlichen Hund und dem Angstauslöser richtet sich nach dem Bedürfnis des „Problemhundes". Er sollte so gewählt sein, dass der Hund „im grünen Bereich ist", sich also komplett wohl fühlt.

Um diesen optimalen Abstand zu ermitteln, muss man die Körpersprache des Hundes gut lesen können. Er sollte noch ganz entspannt sein.

Das „Angstobjekt" und der ängstliche Hund stellen sich in dem entsprechenden Abstand auf und beginnen, in die gleiche Richtung zu gehen. Dabei sollten Beide stets auf der gleichen Höhe bleiben, damit kein „Hinterherrennen" oder „Vorlaufen" entsteht.

Es wird immer in die gleiche Richtung gelaufen. Das ist wichtig, weil so das Angstobjekt am wenigsten provozierend oder konfrontierend wirkt.

Es wird langsam gelaufen. So werden keine Aggressionen geschürt; im Gegenteil, je langsamer man läuft, desto mehr zeigt man dem Hund, es ist alles in Ordnung. Bewegung als solches hilft zusätzlich, Anspannung abzubauen.

Alle beteiligten Hunde sind an der Leine. Nur so können Annäherung und Abstand wirklich kontrolliert werden. Es gibt viele Hunde, die ein Hund-Hund-Problem haben und meinen, Angriff sei die beste Verteidigung. Deshalb stürmen sie „gern" auf die anderen Tiere zu. Das kann mit ausreichendem Abstand und einer Leine hervorragend verhindert werden. Die Leine dient der Sicherheit, nicht als Führungs- oder Korrekturmittel.

Je nach Reaktivität der Hunde, werden diese mit doppeltem Karabiner oder Maulkorb zusätzlich gesichert. SICHERHEIT STEHT IMMER AN OBERSTER STELLE!

Ruhe ist das wichtigste Gebot. Es wird ruhig gelaufen, ruhig gesprochen und ruhiges Verhalten auf ruhige Weise bestätigt.

Es wird sich langsam, je nach Trainingsstand, angenähert.

Es hat sich gezeigt, dass die meisten Hunde nach
20 Minuten erschöpft sind; so einfach diese Übung
in ihrem Aufbau ist, so anstrengend ist sie für den
Hund. Es ist gut, auf die Körpersprache des Tieres
zu achten; nach anfänglicher Aufregung sollte es
ruhiger geworden sein und noch keine Müdigkeits-
anzeichen zeigen. Bewährt haben sich 15-minütige
Trainingseinheiten.

Social Walk
Es gibt unterschiedliche Arten des Social Walks, je
nach den Bedürfnissen der teilnehmenden Hunde.
Art", die hier vorgestellte richtet sich vor allem an
ängstliche Hunde und ihre Bedürfnisse.
Alle Hunde sind an der Leine.
Es ist kein Hund-Hund-Kontakt erwünscht. Auch
nicht zwischen bekannten Hunden oder Hunden,
die aus einer Familie stammen und teilnehmen. Es
besteht immer Abstand zwischen den Hunden, denn
eine Begrüßung oder ein Spielbeginn kann für mehrere Hunde der Gruppe in Ordnung sein, aber für
einen anderen, der nur zuschaut, ist diese vielleicht
zu viel. Wir machen diesen Spaziergang für alle
Hunde und richten uns nach den Bedürfnissen des
„schwächsten" Mitläufers; daher halten wir Abstand.
Wir laufen hintereinander, langsam einen „normalen" Spaziergang.
Es wird nicht geredet, die Hunde sollen beobachtet werden. Es hat sich gezeigt, dass durch das
menschliche Kommunikationsverhalten die Hunde
immer näher zusammen laufen, als sie eigentlich
möchten; ebenso verwenden die Menschen auch
viel weniger Zeit darauf, ihre Hunde zu beobachten;
also redet man nur das Nötigste wie „bitte etwas
mehr Abstand" oder „Achtung, du bist zu dicht".
Ansonsten läuft jeder Hundehalter für sich und mit
seinem Hund. Am Ende des Spaziergangs gibt es
dann Kaffee und Zeit zum Reden, wenn die Hunde
gut versorgt sind.
Der Abstand zwischen den einzelnen Hunden richtet
sich nach deren Bedürfnissen. Die Positionen werden
kontinuierlich getauscht, so dass jedes Tier mal
vorne, in der Mitte und hinten laufen kann.

Hingucken – Weggucken
Das Ziel dieser Übung ist es, dass der Hund auf
Kommando in eine angegebene Richtung guckt und
anschließend wieder zum Besitzer zurückschaut.
Es dient dem Vertrauensaufbau, da der Besitzer nicht
versucht, dem Hund etwas zu verheimlichen. Im Gegenteil, er macht den Hund sogar auf Dinge aufmerksam.
Man kann diese Übung sehr gut in der Angsttherapie
einsetzen.

Der Hund kann sich die ganze Zeit über mit dem Angstobjekt auseinandersetzen und wird nicht abgelenkt. Bei der Ablenkung durch Futter oder Spielzeug passiert es nämlich häufig, dass der Hund, wenn er dann doch plötzlich in die unerwünschte Richtung schaut und das Angstobjekt wahrnimmt, überrascht wird und überreagiert. Wird der Hund kontrolliert auf das Angstobjekt aufmerksam gemacht, geschieht dies nicht.

Je nachdem, wie der Hund auf das Signal reagiert und zeigt, wie es ihm gerade geht, kann die Situation verändert werden. Die erste Möglichkeit ist, dass der Hund hinguckt und dann unaufgefordert den Blick wieder zurück wendet; dann ist der Hund vermutlich noch so entspannt, dass weitergeübt werden kann. Schaut der Hund hin, aber nur noch nach einer Aufforderung zum Besitzer zurück, ist die Situation noch in Ordnung, aber schon spannender/angespannter, als bei der ersten Variante. Jetzt muss die Situation sehr genau beobachtet werden; falls sie für das Tier schwieriger wird, braucht es Unterstützung. In der letzten Variante – Ihr Hund schaut hin, aber auch nach einer Aufforderung nicht mehr zurück – muss die Situation unbedingt verändert werden. Ihr Hund ist zu angespannt, als dass er sich vom Angstobjekt lösen kann. Sie können ihm z.B. durch einen größer Abstand oder indem Sie sich zwischen das Objekt und ihren Hund stellen, helfen. So geben Sie ihm Sicherheit, bevor er bellend nach vorne geht oder sich ängstlich hinter Ihnen versteckt. Das schafft gegenseitiges Vertrauen, des Hundes in Sie und Sie in seine Fähigkeiten. Das alles geschieht, bevor irgendjemand in Ihrer Umgebung merkt, dass ihr Hund ein Problem hat.

Bei dem Aufbau dieses Signals müssen Sie sehr umsichtig sein; ich rate Ihnen, sich im Zweifelsfalle professionelle Hilfe an die Seite zu holen; die Übung klingt so einfach, dabei ist es aber wichtig auf Details zu achten, damit der Hund wirklich das lernt, was wir uns wünschen: Ihr Hund soll lernen hin zu schauen, er darf auf keinen Fall lernen, sich auf das Angstobjekt hinzubewegen. Das klingt banal, ist es aber nicht. Ein Hund, der aus Angst aggressiv wird, könnte so zum Beißen geschickt werden. Bauen Sie dieses Signal sehr sorgfältig auf.

Aufbauen kann man das Hingucken-Weggucken so: Sie schicken Ihren Hund in ein „Sitz", dicht neben sich. Sie brauchen ein positives Objekt, das sich bewegt, vielleicht Ihr Partner, Ihre Kinder oder gute Freunde und Tiere, vor denen Ihr Hund keine Angst hat. Ihr Hund wird automatisch zu dem bewegten Objekt hin schauen, loben Sie ihn jetzt mit Worten. Er wird dann zu Ihnen zurückschauen – Futterbelohnung.

Das machen Sie bitte einige Male. Jetzt können Sie mit einer Kopfbewegung und Ihrem Signalwort das Schauen des Hundes begleiten, schaut er zurück – Futterbelohnung. Zeigen Sie Ihrem Hund das Objekt nicht mit einer Handbewegung, wir schicken unsere Hunde zu viel mit Handbewegungen, er könnte dies als Aufforderung zum Hinlaufen missverstehen. Benutzen Sie für diese Übung keine Spielbelohnung. Mit der Belohnung nach dem Schauen, möchte man nicht nur das Verhalten bestätigen, sondern auch für weitere Ruhe sorgen. Ihr Hund soll nachdenken können und später Angstobjekte anschauen und Ruhe bewahren können, dafür ist es wichtig, dass er jetzt schon Ruhe mit der Übung verbindet. Wenn diese im Anblick einfacher Dinge gelingt, können Sie beginnen, sie im Alltag an „normalen" Objekten, die sich bewegen zu üben. Reagiert Ihr Hund hier immer, so wie Sie es möchten, sitzt also neben Ihnen, schaut sich das Objekt an und blickt dann zurück, können Sie mit sehr viel Abstand beginnen, dieses Signal auch an einem Angstobjekt Ihres Hundes zu üben.

Positive Unterordnung
Der Vorteil einer positiv aufgebauten Unterordnung ist, dass sie im Alltag hilft. Sie gibt dem Hund mehr Freiheit.
Baut man Unterordnung positiv auf, ist sie eine Grundlage für eine gute Verbindung zwischen Hund und Besitzer.
Ein gewisses Maß an Unterordnung ist auch die Basis für eine Therapie.
Grenzen und Regeln geben nicht nur unseren Kindern Halt, sondern auch den Hunden.
Haben Hund und Besitzer sich bestimmte Signale erarbeitet, so macht eine gleichmäßige und konsequente Anwendung das Leben für den Hund berechenbarer. Er weiß, was von ihm erwartet wird und was passiert.
Positive Unterordnung bedeutet nicht der Einsatz von Leckerli, wenn der Hund etwas richtig gemacht hat, und der Einsatz von Wurfkette, Geschrei oder Druck, wenn sich das Tier auf unerwünschte Art und Weise verhält. Das ist negatives Arbeiten ohne die obigen positiven Aspekte. Positive Unterordnung bedeutet, wirklich positiv zu arbeiten, die Übungen also so aufzubauen,

dass der Hund sie auch schaffen kann; es bedeutet, auf den Hund immer positiv einzugehen, auch bei Fehlern keinen Druck aufzubauen, sondern kreativ den Aufbau und Ablauf der Übung zu verändern sowie Grenzen gewalt- und druckfrei zu setzen und konsequent einzuhalten. Je nach Situation kann Fehlverhalten auch einfach ignoriert werden.

Auf diese Weise gesetzte Grenzen und Regeln geben Halt; und Signale und Unterordnung können so wirklich freudig und gerne ausgeführt werden.

Clickertraining
Über das Clickertraining gibt es ganz hervorragende Bücher, die sich sehr ausführlich dieser Methode widmen. Deshalb soll hier nur ganz kurz auf dieses Thema eingegangen werden.
Der Clicker hilft, punktgenau zu bestätigen, das ist sein größter Vorteil. Ein weiterer Vorteil ist, dass mit ihm kein Druck ausgeübt werden kann; dennoch passiert es oft, dass vor lauter Begeisterung für diese Methode die Hundehalter ihre Trainingseinheiten zu lang und schwer aufbauen und damit Stress provozieren.
Der Clicker klingt immer gleich, auch hier wieder einer seiner großen Vorteile; wir Menschen sind so erfinderisch, ein Wort immer anderes klingen zu lassen oder Synonyme zu verwenden. Beobachten Sie sich mal selbst, wenn Sie Ihrem Hund „Sitz" sagen möchten – Sagen Sie „Sitz", „Sitzen", „Setz dich", „Siiiitzen" oder vielleicht „Hinsetzen"? Ebenso vielseitig verhalten wir uns auch beim Sprechen von Lobworten oder Bestätigen. Der Klang des Clickers bleibt immer gleich, unabhängig von der Stimmung des Menschen.

Clickertraining richtig aufgebaut und anwendet – das heißt, in kurzen, stressfreien Lektionen und mit einem Signal für das Ende der Übung – hat zwei wichtige Bedeutungen: Zum einen verbindet der Hund mit dem Geräusch die stärkende Botschaft „Das war richtig, gleich gibt es eine Belohnung.". Zum anderen arbeiten Hund und Mensch intensiv zusammen und haben Spaß miteinander. Dieser Aspekt ist gerade bei einer Angsttherapie wichtig. Der Clicker steht für wirkliche Zusammenarbeit, Teamwork.

Viele Hunde fühlen sich wohl, wenn sie Clickertraining machen dürfen, denn hier herrscht eine bessere Stimmung. Meist werden hier ja Tricks geübt, also auf der Seite des Menschen gilt „just for fun". Die entspannte Stimmung überträgt sich auch auf die Hunde. Ist Ihnen schon einmal aufgefallen, wie gut Hunde diese Tricks zeigen und wie gern sie sie machen, ganz im Gegensatz zur normalen Unterordnung? Der Clicker vermittelt also ein gutes Gefühl für beide Seiten.

Ein letzter Vorteil dieses Trainings ist es, dass man auch die Eigeninitiative der Hunde „einfangen" und belohnen kann; und das alles ohne die menschliche Stimme – gerade bei Angsthunden ein besonders wichtiger Aspekt.

Der einzige Nachteil, den ich immer wieder beobachte, ist der Stressfaktor. Viele Menschen sind so überbegeistert von dieser Methode, dass sie es übertreiben und so dem Hund schaden. So reicht dann schon das Hervorholen des Clickers, und der Hund beginnt, wie verrückt zu bellen und zeigt alle gelernten Tricks, um seine Belohnung zu bekommen. Hier gilt, alles noch so Gute kann auch schlechte Wirkung haben. Die Dosis macht das Gift!

Trainieren Sie in kleinen Einheiten, bringen Sie Ihrem Hund ein „Schlusssignal" bei und bleiben Sie beim Training selbst ruhig, dann steht einem echten Erfolg nichts im Wege.

Das Schlusssignal ist ein Wort wie „Fertig", „Ende". Es signalisiert dem Tier das Ende des Trainings und den Beginn der Freizeit. Es ist wichtig, dies zu trainieren, da Hunde sonst andauernd in einer Arbeitshaltung verharren.

Wer jetzt vielleicht Interesse für diese Methode entwickelt hat, aber keine weiteren Dinge mit auf den Spaziergang nehmen möchte, findet in dem Kapitel über die Hilfsmittel Anregungen, auch ohne Clicker entsprechend arbeiten zu können.

Alternativverhalten

Unter einem Alternativverhalten versteht man ein Handeln, das mit dem Problemverhalten unvereinbar ist und vom Hund statt dessen in den auslösenden Situationen gezeigt werden soll. Hat Ihr Hund bis jetzt jeden Jogger angebellt, so wäre ein Alternativverhalten, ab jetzt beim Anblick eines Läufers zu Ihnen zu rennen und die Nase an Ihre Hand zu drücken. Beide Verhalten können nicht gleichzeitig gezeigt werden. Für das Training eines Alternativverhaltens spricht, dass der Hund einen Auftrag hat. So wird das ursprünglich ein Problemverhalten auslösende Objekt zum Startzeichen eines erwünschten Verhaltens.

Für den Hund hat das Alternativverhalten den großen Vorteil, dass er Sicherheit darüber bekommt, was von ihm erwartet wird.

Dies ist in einer Angst- oder Stresstherapie aber erst der zweite Schritt, erst muss mit einer Desensibilisierung/Gegenkonditionierung die Grundlage für diese Art von Training gelegt werden.

Den Besitzer anschauen ist das einfachste Alternativverhalten. Dieses bringt die Aufmerksamkeit zum Besitzer zurück. Es lässt sich leicht über das Aufmerksamkeitssignal aufbauen.

Anzeigeverhalten / Melden ist eine weitere Variante des Alternativverhaltens; hier soll der Hund zum Besitzer zurückkehren; dieses Verhalten bringt den Hund nah an den eigenen Menschen heran und sorgt somit für größere Sicherheit.

Um ein Alternativverhalten aufzubauen, muss man es erst unabhängig von dem Auslöser trainieren. Sie üben es wie einen neuen „Trick", erst, wenn dieser überall funktioniert, und Ihr Hund es liebt, ihn zu zeigen, koppeln Sie ihn an den Auslöser des Problemverhaltens. Jetzt ist sehr viel Management gefragt, denn Sie müssen den Auslöser immer vor Ihrem Hund sehen und hören, um dann den Trick, das spätere Alternativverhalten, zu signalisieren. Hierbei muss wie beim

Aufbau eines jeden Signals darauf geachtet werden, den Hund nur in Situationen zu trainieren, die er auch schaffen kann. Also auch hier ist viel Umsicht und Aufmerksamkeit Ihrerseits gefragt. Und irgendwann fällt dann der Groschen bei Ihrem Hund, und er wird beim Anblick des Auslösers selbstständig das Alternativverhalten zeigen, Sie haben es geschafft, und Ihr Hund bekommt den Jack-Pot.

Rituale
Sie sind wie Anker im täglichen Leben, sie vermitteln Halt.
Bei unsicheren Hunden geben sie sehr viel Sicherheit für das Alltagsgeschehen, da die Hunde wissen, was passiert; die mögliche Erwartungsunsicherheit fällt weg.
Rituale haben immer einen gleichen Ablauf, das unterscheidet sie von Verhaltensketten, Signalen oder Befehlen. Man kann sich hundertprozentig auf sie verlassen, als Hund und Mensch.
Sehr interessant ist, dass Hunde durch Rituale mehr ertragen können, als das normalerweise in der gleichen Situation ohne Ritual der Fall wäre. Sitka, mit seiner Menschenscheu, würde sich unter normalen Umständen niemals von einem Fremden ins Maul schauen lassen. Er kennt aber das Ritual „Zeigen“. Es bedeutet, er muss schön still halten und sich kurz anschauen bzw. anfassen lassen, dann gibt es eine Belohnung. So ist es möglich, dass der Tierarzt seine Zähne anschaut. Rituale kann man überall im Alltag aufbauen, immer dort, wo der Hund sie braucht.
Der Aufbau ist so einfach wie „mühsam“. Man beginnt, das gewünschte Ritual in einfacher Form zu üben, stets mit dem gleichen Wort und Ablauf. Bei Sitka beispielsweise beginne ich, das Ritual „Zeigen“ ohne Tierarzt zu vermitteln. Das läuft folgendermaßen ab: Ich kündige mein Tun mit dem Begriff „Zeigen“ an und schaue dann schnell sein Ohr, Maul oder Fell an – anschließend gibt es die Belohnung. Dann sage ich wieder „Zeigen“ und schaue mir sein Körperteil ein wenig länger an – Belohnung. Die Kunst ist es, die Übung gerade um so viel schwieriger zu machen, dass man sich langsam und stetig dem Ziel nähert, gleichzeitig aber nur so wenig zu verändern, dass der Hund sie aushalten kann.

Kann ich an Sitka, als Besitzerin, beim Wort „Zeigen“ alle möglichen Körperteile anschauen und anfassen, beginne ich, Fremde einzubeziehen. So habe ich am Schluss einen Hund, der sich auch von einem Tierarzt berühren und untersuchen lässt.

Beenden einer unerwünschten Handlung
In der Regel ist das der Bereich im Hundetraining, in dem die größte Menge aversiver Trainingsmethoden zur Anwendung kommt. Der Hund macht etwas, das er nicht soll, und durch Erschrecken, Schmerzen, Bedrohung soll er lernen, dies zu unterlassen. Hier kommen Leinenruck, Wurfkette, Trainingsdisk zum Einsatz. Das ist arbeiten über Angst und Druck, mit all seinen Wirkungen und Nebenwirkungen.
Stellen Sie sich bitte folgende Situation vor: Sie gehen durch die Stadt, und schauen sich die Schaufenster an; plötzlich schreit Sie Ihr Begleiter mit „NEIN“ an. Wie würden Sie reagieren? Ich glaube, ich würde erstmal erstarren und stehen bleiben. Mein Begleiter hätte also Erfolg – ich habe aufgehört! Aber womit genau? Diese Information ist in einem „Nein“, „Pfui“, „Lass das“ nicht enthalten. Ebenso wird nichts über das „richtige“ Verhalten ausgesagt. Genau das passiert auch unseren Hunden, wenn wir über die „klassische“ Schiene versuchen, ein Verhalten zu beenden. Wir schaffen es im besten Fall, dass die Hunde ihre Tätigkeit unterbrechen, aber sie wissen nicht, was eigentlich das falsche Verhalten war, und sie erhalten auch keine Mitteilung darüber, wie das richtige Verhalten aussehen soll. Deshalb helfen diese Abbruchsignale auch nicht langfristig. Also wird das Tier immer wieder das „falsche“ Verhalten zeigen, bis es gestoppt wird. Ist man dann noch zu langsam und unterbricht im falschen Moment, ist die Möglichkeit der Fehlverknüpfung und der daraus resultierenden Folgen so groß, dass man diesen Weg besser nicht nehmen sollte. Außerdem zurück zu unserem Stadtspaziergang – stellen Sie sich vor, Ihr Begleiter brüllt dieses „Nein“ mehrfach in der Stadt, wie geht es Ihnen? Je nach Typ, vermute ich, würden Sie völlig verunsichert neben Ihrem Begleiter herlaufen oder „die Ohren auf Durchzug stellen“ und einfach machen, was Sie für richtig halten.

Keine Angst, die Lösung ist nicht, dass Hunde alles machen dürfen, und wir wie Fahnen im Wind einfach mitlaufen müssen.

Mit dem Aufmerksamkeitssignal haben Sie schon ein gutes Mittel zur Hand. Möchten Sie an einem tollen Objekt vorbeigehen, das Ihr Hund aber Ihrer Meinung nach in Ruhe lassen sollte, geben Sie ihm rechtzeitig sein Aufmerksamkeitssignal und können so ohne Probleme diese spannende Ablenkung passieren. Loben Sie Ihren Hund jetzt noch gut, so hat er die Chance zu lernen „Das ist das richtige Verhalten in dieser Situation, das lohnt sich!". Er wird sich in dieser Situation immer öfter und freiwillig so verhalten.

Hat Ihr Hund schon mit der unerwünschten Handlung begonnen, und das Aufmerksamkeitssignal funktioniert nicht mehr, machen Sie doch mal ein Geräusch, das Ihr Hund gar nicht von Ihnen kennt. Dieser Laut soll ihn nicht erschrecken, sondern neugierig machen. Wendet Ihr Hund sich dann Ihnen zu, rufen Sie ihn zu sich.

Vielfach wird auch das Ignorieren einer falschen Handlung vorgeschlagen. Das ist eine gute Alternative zum Strafen, aber nur wenn man zwei Punkte beachtet. Erstens darf, während man einen Hund für sein falsches Verhalten ignoriert, keine Gefahr für den Hund und seine Umwelt bestehen. Einen Hund, der hinter Wild in Richtung einer Hauptstraße herjagt, kann man nicht ignorieren! Zweitens verschwinden durch Ignorieren nur erlernte Verhaltensweisen, Instinktverhalten leider nicht. Zusätzlich gibt es auch beim Ignorieren keine Information über das richtige Verhalten. Springt ein Junghund an Besuchern zur Begrüßung hoch, hilft Ignorieren nicht. Bekommt der Hund so keine Aufmerksamkeit des Besuchs, beißt er vielleicht als Alternative den Besuchern freundlich in die Arme und Hände – nicht wirklich eine gute Alternative. Soll Ignorieren wirklich ans Ziel führen, muss man dafür sorgen, dass der Hund eine gute Alternative lernen kann.

Die einfachste Möglichkeit, dem Hund ein Fehlverhalten abzutrainieren, ist ihm die Möglichkeit zu nehmen, das falsche Verhalten überhaupt zu zeigen. Betreiben Sie im Vorfeld Management, planen Sie Situationen und räumen Sie vielleicht gewisse Dinge für

eine Zeit weg, bis Ihr Hund sich anders verhalten kann. Wenn es doch zum Fehlverhalten gekommen ist, ist die negative Konsequenz ein gutes Mittel gegen diese Handlung. Hierbei wird der Hund nur daran gehindert, mit der Handlung, die wir als Fehlverhalten bezeichnen, zum Erfolg zu kommen. Es wird dem Hund kein Schrecken oder Schmerz zugefügt – ein feiner und wichtiger Unterschied. Stoppt der Hund aufgrund unseres Eingreifens seine Fehlhandlung, können wir den Hund durch ein Signal, das er kennt, die richtige Alternative seines Handelns zeigen.

Notfalllösungen
Als Hundetrainerin werde ich immer wieder nach Lösung bei sich raufenden Hunden gefragt. Leider kann ich darauf keine grundlegende Antwort nennen, das muss man situativ entscheiden. Die üblichen Ratschläge wie, einen Eimer Wasser zwischen die Raufer zu kippen, einen Wasserschlauch zu nehmen und die Hunde abzuspritzen, klingen gut, sind aber wohl eher selten umsetzbar. Vorausschauendes Handeln hilft! Je mehr Sie schauen, Ihre Umwelt beobachten, früh genug eingreifen, umso weniger kommen Sie in die Situation mit zwei raufenden Hunden. Auch für sich anbahnende Schwierigkeiten gibt es keine Patentlösung, aber einige Möglichkeiten. Hier ist eine kleine Auswahl von unterschiedlichen Lösungen zusammengefasst; ich denke es gibt so viele Lösungen wie es Notfälle gibt. Jede Situation ist anders, jeder Hund reagiert anders, und jeder Mensch ist anders; stellen Sie sich in Ruhe schwierige Situationen und mögliche Lösungen für sich und Ihren Hund vor; spielen Sie sie in Gedanken durch. Dieses Training hilft, so komisch das auch klingen mag, wenn Sie dann wirklich in eine schwierige Situation kommen.

Wenn man noch die Möglichkeit hat, ist Weggehen mit Sicherheit die beste Lösung; man sollte Sie immer wählen, wenn es noch geht und nicht aus Prestigegründen auf die Lösung „Augen zu und durch" setzen, das ist immer der schlechteste Weg.

Der Griff ins Geschirr kann sehr helfen, denn man hat den Hund besser unter Kontrolle und kann ihn aus der Gefahrenzone nehmen. Wichtig ist, dass man mit dem Hund dieses Greifen in das Geschirr übt, ohne Angst oder Aggressionsobjekt in der Nähe! Sie sagen ein Signal, greifen in das Brustgeschirr, und während Sie den Hund so halten, wird er verbal und mit Futter belohnt. Schluckt der Hund das Futter, lassen Sie das Brustgeschirr wieder los. Der Hund soll die Verknüpfung „Griff in das Brustgeschirr – gleich kommt Futter" bekommen. Kennt der Hund dieses Verhalten des Besitzers aus dem Alltag, wird er auch im Ernstfall nicht mehr so leicht erschrecken und nach der Hand schnappen. Auch hier ist wieder gründliches und sinnvolles Training gefragt. Sie sollten es gut trainieren, aber Ihrem Hund innerhalb von 20 Minuten auch nicht 20 Mal in das Brustgeschirr fassen! Falls Sie den Griff ungeübt in einer Krisensituation üben, so kann es leicht passieren, dass der Hund herumfährt und nach Ihrer Hand schnappt, da er sich von Ihnen zusätzlich angegriffen fühlt.

Übung zum Geschirrgriff, so kann man gut aus schwierigen Situationen herausgehen.

Jede Art von Futter kann helfen. Haben Sie einen Hund, der Angst vor Menschen hat, so können Sie ihn im allerschlimmsten Fall mit Futter aus einer Situation lotsen oder ablenken. Sie können auch in einer guten Entfernung Futter streuen, so dass Ihr Hund das Futter suchen muss und dadurch mit der Situation besser klar kommt. Sie können auch einem freilaufendem Hund Futter hinwerfen, um mit einem Hund-Hund-Problem aus einer Situation gut heraus zu kommen. Bei Hund-Hund-Situationen ist es stets wichtig, an Futteraggression zu denken! Auch hier ist wieder – Sie ahnen es sicher schon – Ihr Management gefragt!

Stellen Sie sich zwischen Ihren Hund und das auslösende Objekt bzw. das „Problem".

Geben Sie Ihrem Hund Nähe. Wenn Sie bei Ihrem Hund ein Angstproblem festgestellt haben, dann werden Sie erstaunt sein, wie sehr Ihrem Hund Ihre Nähe hilft. Die meisten Hunde, die ich kenne, sind froh, wenn Ihre Besitzer in schwierigen Situationen in ihrer Nähe sind und die Verantwortung übernehmen. Stellen Sie eine Verbindung zu Ihrem Hund via Berührung oder Sprache her, und helfen Sie ihm so, mit der Situation besser klarzukommen. Wenn ich Berührung schreibe, meine ich kein wildes „Getätschel", sondern eine Berührung, die Halt und Sicherheit vermittelt, diese ist keine falsche Bestätigung. Ein unbeholfenes „Herumgetatsche", in dem womöglich die eigene Unsicherheit zu spüren ist, kann wieder zu falschen Verknüpfungen beim Hund führen. Dieser Punkt wird viel diskutiert. Man weiß heute aus Untersuchungen mit verschiedenen Tierarten, dass die Anwesenheit eines Freundes in schwierigen Situationen nicht nur Menschen hilft, sondern auch bei Tieren die Ausschüttung von Stresshormonen drosselt bzw. ganz hemmt. Warum sollten wir unseren Hunden diese Hilfe verwehren? Aber auch hier gilt, man kann des Guten zu viel tun; Sie müssen nicht für jedes kleine Erschrecken Ihren Hund knuddlen oder streicheln. Zeigt der Hund aber wirklich Unsicherheit oder gar Angst, sollten Sie ihm ruhig und mit sicherer Ausstrahlung vermitteln, dass Sie da sind und auf ihn achten. Ihre Nähe und Unterstützung sollte nicht dazuführen, dass der Hund weiter seinen Artgenossen anbellt oder Menschen anspringen möchte; beruhigt sich Ihr Hund nicht oder reagiert aggressiv gegen das Angstobjekt, wenn Sie bei ihm sind, dann unterbrechen Sie dieses falsche Verhalten und verbessern Sie die Situation für Ihren Hund. Hier können Sie das Verhalten nicht ignorieren, denn die Umwelt belohnt es in der Regel, indem das Angstobjekt früher oder später geht – für Ihren Hund eine Bestätigung, dass sein Verhalten wirksam war.

Zwei Arten von Nähe, einmal neben dem Hund knien, das andere Mal sitzt der Hund zwischen den Beinen der Besitzerin.

Oft wird mit Druck und Strenge auf Situationen reagiert, die langsam aber sicher zu eskalieren drohen. Je nach Gegebenheit geht dies gut oder eben nicht. Häufig funktioniert diese Methode nicht. In den Situationen, in denen sie scheinbar Erfolg hat, bestätigt man durch das eigene negative Auftreten die Einschätzung der beteiligten Hunde. Diese waren ja eh schon der Meinung, dass diese Situation schlecht ist – und siehe da, auch der Mensch reagiert schlecht! Das dieser Weg manchmal doch etwas bewirkt, liegt am Meidever-

halten der Tiere. Der Hund vermeidet weiteren Ärger, indem er erst Mal nichts mehr macht. Das hilft für diesen Augenblick, aber das schlechte Gefühl für diese Situation ändert sich nicht, ganz im Gegenteil, es bestätigt sich sogar. Auch wenn das Ergebnis in unseren Augen stimmt, muss man, wenn man die gesamte Situation und den Lerninhalt betrachtet, sagen, „Nein, das ist nicht der richtige Weg". Wenn Sie frühzeitig die sich zuspitzende Lage erkennen, versuchen Sie doch mal, die Hunde durch etwas Schönes, Positives zu trennen oder einen Hund aus einer brenzligen Hund-Mensch-Begegnung herauszurufen; knistern Sie mit Ihrer Leckerli-Tasche, gehen Sie zu Hause in Richtung Küche, loben Sie Ihre Hunde zu sich heran. So widersinnig sich das im ersten Moment anhört, so gut funktioniert es. Sie brauchen keine Bedenken zu haben, Ihren Hund auf diese Weise für etwas Falsches zu bestätigen; vielmehr vermitteln Sie ihm, dass auch eskalierende Situationen gut enden können – wow, was für ein Lerninhalt! Aber wie immer, auch hier ist das Timing entscheidend. Sind Sie zu spät, und ist die Lage schon eskaliert, müssen Sie eine andere Lösung finden.

Diese Liste ist mit Sicherheit nicht vollständig. Denn jede Situation und jedes Hund-Mensch-Team braucht und hat seine ganz eigenen Notfalllösungen.

Begegnungstraining
Ist der Hund so weit, dass er durch Desensibilisierung und Gegenkonditionierung einen leichteren Umgang mit seinem Angstobjekt erlernt hat, kann man mit der erweiterten Begegnung beginnen. Das bedeutet, das Training durch die Arbeit an den alltäglichen Gegebenheiten auszubauen.
Am Anfang nähern sich beide Seiten langsam und betont friedfertig. Der Hund mit dem Angstproblem soll ja Vertrauen in diese Situation bekommen. Man achtet wieder sehr auf die angemessene Distanz, Bewegungsabläufe und die Körpersprache, die eigene und die des Hundes.
Dann werden immer schwierigere Begegnungen mit dem Angstobjekten geübt, aber bitte immer so, dass der Hund noch das Richtige lernen kann. Mit „richtig"

ist zum einen das von uns gewünschte Verhalten, zum anderen die positive vertrauensbildende Erfahrung des Hundes in die Begegnung gemeint.

Es werden immer mehr Alltagssituationen gestellt, vollständig bearbeitet und allmählich auf den normalen Alltag übertragen.

HILFSMITTEL

„Enriched enviroment"

Diesen englischen Begriff kann man nur sehr schlecht direkt in die deutsche Sprache übertragen. Die korrekte Übersetzung wäre „angereicherte Umwelt", ein ziemlich klobiger Begriff. Ein „Spielplatz" für Hunde trifft es wohl am besten.

Er wird ganz einfach aufgebaut. Sie nehmen Dinge aus der normalen Umwelt und legen Sie an einen Ort, an dem diese Gegenstände normalerweise nicht vorkommen – fertig ist der Hundespielplatz. Also holen Sie Äste, Wurzeln und Holz aus dem Wald und legen alles bei Ihnen Zuhause oder auf einem Parkplatz aus. Oder nehmen Sie Verpackungsmaterial, alte Haushaltsartikel und legen Sie diese auf eine Wiese. Ihr Hund wird diese Dinge beschnuppern, vielleicht auch annagen oder darauf herumkauen, all dies ist erlaubt. Aus diesem Grunde sollten die Dinge, die der Hund angeboten bekommt, sorgfältig ausgewählt werden. Zusätzlich kann der Hundespielplatz auch noch mit Futter „verfeinert" werden. Die Idee des Spielplatzes ist es, dem Hund eine gute Beschäftigung zu bieten, ihn zur Ruhe und zum Nachdenken anzuregen und ihm eine Hilfe in schwierigen Situationen zu geben. Die Situation ist ähnlich der, wenn wir vor einer Veranstaltung als Erster einen großen Raum betreten und noch nicht so richtig wissen, was auf uns zukommt: Manchmal fühlt man sich dabei unwohl, vielleicht beobachtet und ist ganz dankbar, sich an einer Tasse Kaffee oder einer Broschüre festhalten zu können.

Diese Hunde dürfen zusammen auf Erkundungstour gehen, da sie sich sehr gut kennen und keine Ressourcenprobleme haben. Ansonsten bitte immer nur alleine!

Eine solche Alibihandlung kann der Hundespielplatz darstellen, wenn Ihr Hund zum Beispiel das erste Mal eine neue Hundegruppe oder den Tierarzt besuchen soll. So kann ein guter Einstieg in eine neue Situation geschaffen werden.

Ebenso bietet sich der Hundespielplatz als Start in eine Gegenkonditionierung an; gerade bei Tieren, die zur Unkonzentriertheit neigen, finden so einen leichteren Einstieg in die Arbeit. Aber Achtung vor Beute- und Futteraggression!

Aber auch ganz ohne Problem kann der Hundespielplatz eine tolle Sache für Ihren Hund sein; je nachdem, welche Objekte Sie ihm bieten, ist diese Beschäftigung für Ihren Hund eine besonders lustvolle Nasen- und Hirnarbeit. Bei mir werden alle Pakete zweimal kontrolliert und ausgepackt, einmal von mir und ein weiteres Mal durch meine Hunde – ich wüsste zu gerne, was sie dabei alles über deren Weg erfahren und was mir verborgen bleibt.

Man kann auch an Objektängsten mit einem Hundespielplatz arbeiten, indem das Angstobjekt allmählich in den Spielplatz integriert wird.

Ebenso bietet sich diese Methode für einen ruhigen Start in eine Gruppenstunde an. Man geht entweder nacheinander mit den verschiedenen Hunden durch das „enriched environment" oder man bereitet in großem Abstand mehrere kleine EE- Punkte vor und geht mit jeweils einem Hund durch jeden Bereich. Hier muss an der Leine gearbeitet und auf den Abstand zwischen den Hunden geachtet werden, damit keine Objektaggression antrainiert wird!

Nasen- und Denkarbeit

Auch hiermit könnte man ganze Bücher füllen, deshalb auch hier nur eine Übersicht über die größten Vorteile dieses „Hundesports".

Jede Art von Nasenarbeit fordert den Hund, er muss nachdenken, sich konzentrieren und wird auf sehr gute Art und Weise müde und ausgelastet.

Nasenarbeit wirkt Stress entgegen, da sie zum Nachdenken anregt und diese Hirntätigkeit der Stressantwort des Körpers entgegen arbeitet. Bei stark gestressten Hunden muss man mit einfachsten Übungen anfangen.

Die Erfahrung, selbstständig eine Aufgabe zu lösen, fördert das Selbstbewusstsein des Hundes und stärkt ihn auch für andere Probleme in seinem Leben. Nasen- und Denkarbeit baut Selbstständigkeit und -vertrauen in die eigenen Fähigkeiten auf.

Genau wie den Hundespielplatz kann man einige Arten von Nasenarbeit an den Start einer Angsttherapie setzen. So können einfache Futtersuchspiele dem Hund gute Erfahrungen ermöglichen. Sie werfen Futter entgegen der Richtung, in der sich das Angstobjekt befindet, aus und lassen es den Hund suchen; während der Hund so beschäftigt ist, bleibt der Angstauslöser anwesend. Sie arbeiten sowohl an einer Gegenkonditionierung als auch gleichzeitig an einer neuen Lösung für ein Problem – ruhig Herumschnüffeln in Gegenwart des Angstobjektes hilft!

In dem oben genannten Beispiel dient das Futtersuchspiel auch als Schnuller, der Hund hat eine Aufgabe und kann sich nicht weiter um das Angstobjekt kümmern. Viele Nasen- und Denkspiele können auch in „normalen"

Hundegruppen und Welpenstunden ein ruhiges Zusammensein fördern. Sie müssen nur ein paar einfache Regeln beachten. So muss immer der Abstand gewahrt werden, damit kein Futter- oder Objektneid aufkommt. Sie müssen auf die Kürze der Übungen achten, damit gerade Welpen nicht überfordert werden.

Nasenarbeit kann auch als Notfalllösung herhalten, beschäftigte Hunde raufen meist nicht! Aber auch hier ist es wichtig, in den richtigen Situationen das Richtige zu tun, sonst bewirkt man durch die Verwendung von Futter oder Objekten das Gegenteil dessen, was man eigentlich erreichen wollte.

Clicker

Auch hier der Hinweis auf viele andere Bücher, die sich ausschließlich mit diesem Thema befassen. Hier nun die wichtigsten Punkte im Überblick.

Der Clicker ist ein kleines Gerät, das ein dem Knackfrosch ähnliches Geräusch macht. Er wird als sekundärer Verstärker eingesetzt. Der Hund lernt, dass das Geräusch des Clickers eine Belohnung ankündigt. Er ist der lange Arm oder die Brücke zum Hund. Mit Hilfe des Clickers kann man punktgenau bestätigen. Wie im Unterkapitel Clickertraining schon angekündigt, können die positiven Seiten des Clickertrainings auch ohne die Verwendung eines Clickers genutzt werden. Was Sie stattdessen brauchen, ist ein Geräusch, das Sie mit dem Mund machen können und das dieselbe Bedeutung wie der Clicker bekommt. Dieses „Clickergeräusch" bauen Sie ebenso wie den Clicker auf. Ein Geräusch hat den großen Vorteil, dass Sie kein Hilfsmittel brauchen, um es zu machen. Der Nachteil ist, dass es noch sorgfältiger aufgebaut und vor allem nur für den Hund reserviert werden sollte. Richtig eingesetzt, ist der Clicker eine Möglichkeit, den Hund stressfreier zu erziehen.

Clicker oder Clickergeräusch können in jedem Training eingesetzt werden.

Motivationsmittel

Auch Motivationsmittel sind sehr wichtige Hilfsmittel im Training. Nehmen Sie sich Zeit herauszufinden, was Ihrem Hund wirklich Freude bereitet und ihn glücklich macht. Motivationsmittel kommen aus den Bereichen

Futter
Spiel
Sozialkontakt
Übungen, die der Hund liebt
selbstbelohnendes Verhalten
wenn Wünsche in Erfüllung gehen

Erstellen Sie eine Hitliste aus diesen Bereichen, um daraus die für Ihren Hund individuellen Motivationsmittel zu definieren. Nehmen Sie ein zu schlechtes Motivationsmittel in einer Gegenkonditionierung, werden Sie nicht erfolgreich sein. Nehmen Sie aber in einer Übung, die Ruhe und Nachdenken zum Ziel hat, ein Motivationsmittel, das den Hund aufregt, übermotiviert und wild macht, wird der Erfolg ebenfalls auf sich warten lassen.

Management
Management ist im Training, im täglichen Leben und in der Therapie von ängstlichen oder gestressten Hunden das A und O. Hier finden Sie eine Aufzählung der wichtigsten Bereiche, in denen Management unbedingt betrieben werden muss:
Die Auswahl der Spaziergegend oder -wege kann entscheidenden Einfluss auf das Gelingen oder das Fehlschlagen eines Spazierganges und Trainings haben. Wählt man immer wieder Wege, auf denen der Hund in Situationen gerät, die er noch nicht meistern kann, so zerstört man den gesamten Therapieerfolg.
Auch die Tageszeit der Ausgehrunde ist bedeutend; denn einerseits verhalten sich manche Hunde zu den verschiedenen Zeiten auf unterschiedliche Art und Weise; zum anderen gibt es Stoßzeiten, in denen viele weitere Menschen und Hunde unterwegs sind, ebenso wie Zeiten, in denen man den Wald quasi für sich alleine hat.
Auch die Frage nach der Leine ist wichtig. Welche Leine ist für welche Gegend die passende?
Ebenso ist die eigene Ausrüstung wichtig, man sollte mit einem 30 Kilogramm schweren Hund im Sommer im Wald auf steilen, schmalen Pfaden keine Schlappen tragen, sondern haltgebende Schuhe.
Wo kann der Hund frei laufen, wann muss er an die Leine genommen werden?
Normalerweise haben wir unsere Hunde zur Freude, als

Erholung, als Freizeitpartner; Halter von Problemhunden müssen sehr viel planen. Das erscheint im ersten Moment lästig und mühsam. Es geht aber in das tägliche Miteinander über und erleichtert das Leben sehr.
Führen Sie ein Trainingstagebuch, je nach Problem Ihres Hundes müssen Sie vielleicht auch Tabellen schreiben. Es lohnt sich, denn so kommt man versteckten Zusammenhängen und Ursachen auf den Grund und kann Trainingserfolge und Fehlschläge viel besser einschätzen und auswerten.
Wie gestaltet man den täglichen Spaziergang, geht man alleine, mit wem kann man gehen, welche Hundefreunde tun dem Hund wirklich gut, welche eher nicht?
Was ist in den letzten Tagen alles gelaufen? Das ist vor allem wichtig im Umgang mit gestressten Hunden. Viele Stressquellen erkennt man nicht direkt, da die Reaktion des Hundes darauf erst verzögert geschieht, auch hier ist ein gutes Gedächtnis gut, aber ein Trainingstagebuch besser.

Sicherheit
Sicherheit ist beim Training von schwierigen Hunden immer zu gewährleisten. Wer sich auf ein „ich mache das dann schon" oder „ich kann schnell genug reagieren" verlässt, kommt schnell in ernsthafte Probleme. Hunde sind schneller als wir Menschen. Beginnt ein Hund, sich aus Angst heraus zu verteidigen oder aus Stress um sich zu schnappen, ist unsere Reaktion darauf immer zu spät. Auch die Hunde, die flüchten, können in Sekundenbruchteilen von unserer Seite verschwinden und sich und andere in Gefahr bringen. Deshalb gilt es, das Training sorgfältig zu planen und auch Hilfsmittel mit einzubauen, die die Sicherheit aller Anwesenden gewährleisten.
Maulkörbe können viel zur Sicherheit aller Beteiligten beitragen. Wichtig ist, dass man einen Maulkorb wählt, der dem Hund gut passt, ihn leicht atmen lässt und mit dem der Hund auch das Maul zum Hecheln öffnen kann. Nicht geeignet sind die schwarzen Nylontüten, die es überall zu kaufen gibt! Die Korbmaulkörbe, die mit einem Plastik, Leder oder Metallkorb das Maul des Hundes umschließen, sind wesentlich besser für Ihren Hund. Ob Sie einen „normalen" oder

„verhaltensauffälligen"Hund haben, oder Sie mit Ihrem Hund ein Problem haben, er aus Angst oder Stress schon mal gebissen hat, führen Sie bitte ein gutes Maulkorb-Training durch. Gewöhnen Sie Ihren Hund mit viel Spiel, Spaß und Futter an das Tragen des Maulkorbes, solange er es noch nicht braucht. Später im Training oder bei Urlaubsfahrten in Länder, die Maulkorbpflicht für Hunde in bestimmten Bereichen haben, zahlt sich dieses Training aus.

Trenngitter im Haus helfen auch, egal ob Sie einen Hund neu in Ihren Haushalt übernehmen wollen, Ihr Hund Besucher zum Fressen gern hat oder einfach nur viel zu ungestüm beim Begrüßen ist. Trenngitter sind eine einfache Lösung und Hilfe im Training. Hier muss man manchmal etwas kreativ sein und auch mal um die Ecke denken. So mussten wir zum Beispiel an zwei Weihnachtsfesten den Weihnachtsbaum vor Kinderattacken, jungen Katzen und neugierigen Hunden schützen. Bevor wir völlig im Aufpass-Stress unterzugehen drohten, stand unser Weihnachtsbaum kurzerhand im Kinderlaufstall! Wir hatten sehr entspannte Weihnachten und unser Weihnachtsbaum auch.

Sind Hunde größer, kräftiger oder Ausbruchskünstler, befestigen Sie einen zweiten Karabiner an der Leine. Mir ist mitten im Wald auch schon der Metallring am Brustgeschirr meines Hundes geplatzt. Gott sei Dank war es keine gefährliche Situation. Haben Sie einen Hund, der aus Angst zum Wegrennen oder Nachvornegehen neigt, befestigen Sie einen zweiten Ring an seinem Halsband oder Brustgeschirr.

Haben Sie einen Hund, der unsicher im Umgang mit Menschen ist, gestalten Sie auch die Besuche beim Tierarzt kontrolliert und sicher. Sprechen Sie im Vorfeld mit ihm ab, wie Ihr Besuch für alle Beteiligten so stressfrei wie möglich ablaufen kann. Üben Sie Tierarztbesuche immer wieder.

Überprüfen Sie Ihre Leine regelmäßig auf ihre Festigkeit, und ob der Karabiner noch hält. Manchmal reißen Leinen im falschen Augenblick.

Achten Sie auch bei Ihrer eigenen Bekleidung darauf, dass sie zweckmäßig und sicher ist, wie die oben erwähnten Schuhe.

Wenn Sie mit Ihrem Hund an einer langen Leine oder Schleppleine arbeiten, kann das Tragen von Handschuhen für Ihre Hände sehr gut sein. Fahrradhandschuhe haben sich besonders bewährt.

Gesundheit

Über den Einfluss der Gesundheit des Hundes auf sein Verhalten wird immer noch viel zu wenig nachgedacht. Dabei kann man feststellen, dass verschiedene Erkrankungen des Hundes immer mehr zunehmen und diese häufig mit einer Änderung im Verhalten einhergehen. Besonders wichtig hierbei sind der Bewegungsapparat des Hundes und die Schilddrüse. Wenn Sie eine Verhaltensänderung bei Ihrem Hund feststellen, ist es sinnvoll, die Gesundheit zu überprüfen; ich empfehle, neben der Schulmedizin auch komplementäre Medizin zu Rate zu ziehen, besonders, wenn erstere keine befriedigenden Antworten ergibt. Gehen beide Seiten der Medizin Hand in Hand, so ist dies die beste Voraussetzung für die gute Gesundheit Ihres Hundes. Massagen, Physiotherapie oder andere manuelle Therapien können bei Stress und Bewegungsproblemen gute Hilfe leisten. Hören Sie sich nach fähigen Therapeuten um.

Die Folgen von Stress auf den Körper und das Verhalten sind enorm. Deshalb ist Stressabbau nicht nur ein Teil der Therapie, sondern auch für die Gesundheit des Hundes wichtig.

Ich kann mich noch gut daran erinnern, dass mein erster Hund, ein Cocker-Spaniel, eines Tages nicht mehr Gassi ging. Er wollte nicht aufstehen, auch ihn nach draußen zu tragen, half nicht weiter. Er konnte nicht laufen. Der Tierarztbesuch brachte die Ursache an den Tag; ein entzündeter Zahn hatte durch eine aufgestiegene Entzündung über das Rückenmark eine Lähmung der Hinterbeine zur Folge. Nach dem Ziehen des Zahns und einer entsprechenden Behandlung war mein Hund wieder ganz der Alte. Kontrollieren Sie regelmäßig die Zähne Ihres Tieres und bitten Sie auch den Tierarzt um seinen fachmännischen Blick auf das Gebiss.

Der Bewegungsapparat des Hundes, also seine Muskeln, Knochen und Sehnen, die er für die Bewegung braucht, sind sehr anfällig für Verletzungen, Erkrankungen und Schmerzen. Bei plötzlich auftretenden Verhaltensänderungen schauen Sie sich auch diesen Teil Ihres Hundes genau an. Welche Gangarten läuft Ihr Hund noch? Ist er irgendwo berührungsempfindlich? Zeigt er Schmerzsymptome? Suchen Sie einen spezialisierten Tierarzt auf.

Schmerzen können die Ursache für ein Verhaltensproblem sein. Tiere sind sehr gut darin, ihre Schmerzen vor uns zu verbergen. Es ist und war für sie nicht gut, Schmerzen oder eine andere Art von Schwäche zu zeigen. Das beherzigen sie bis heute. Man muss also schon etwas genauer hinschauen, um herauszufinden, ob ein Hund Schmerzen hat. Vielfach verrät es der Blick des Hundes, oder er liegt und hechelt stark, auch beim Einschlafen oder Erwachen, oder er ist besonders berührungsempfindlich und schützt eine Stelle des Körpers.

Auch akute Erkrankungen, wie Durchfall, Schmerzen und Fieber können den Hund stark beanspruchen. Suchen Sie Ihren Tierarzt auf.

Leidet Ihr Hund unter einer chronischen Erkrankung, lassen Sie immer wieder vom Tierarzt feststellen, wie es Ihrem Hund geht und ob dies wirklich noch immer das einzige Problem Ihres Hundes ist. Nicht, dass eine andere, neue akute Erkrankung im Anfangsstadium verpasst wird, weil die Verhaltensänderung immer der chronischen Erkrankung anrechnet wird.

Ich stelle in meiner Hundeschule immer öfter fest, dass Hunde mit dem „normalen" Hundefutter Probleme bekommen. Sei es, dass sie unter Verdauungsstörungen und Futtermittelallergien leiden oder Verhaltensauffälligkeiten ihre Ursache im Futter haben. Seien Sie auch hier offen, und lassen Sie sich von einem kompetenten Tierarzt oder Tierheilpraktiker beraten.

Sie sehen, das Kapitel Gesundheit ist sehr umfangreich, und ich kann nur einige Denkanstöße liefern, in welchen Bereichen Sie wachsam sein sollten. Wenden Sie sich an Ihren Tierarzt oder lesen Sie Bücher zu diesem sehr spannenden Thema.

AUFMERKSAMKEITSSIGNAL

SCHRITT 1 Signal + Futter

SCHRITT 2 Hund guckt weg – Signal – Kopf kommt zurück – Click + Belohnung

SCHRITT 3 Hund steht weiter weg – SIGNAL – Hund guckt zum Besitzer – C + B

SCHRITT 4 Jetzt mit Distanzen und Ablenkungen etc. variieren

Besser ist es immer nur eine Übung zu machen, da der Hund im Alltag auch überraschend auf dieses Signal reagieren soll.

Aufmerksamkeitssignal – siehe Seite 64

DESENSIBILISIERUNG

HUND HAT EIN PROBLEM MIT EINEM ANSGTAUSLÖSER

Der Auslöser in geringer Intensität, z.B. in sehr grosser Distanz

Hund Zeit lassen, sich an den Auslöser in dieser Distanz zu gewöhnen

Wenn der Hund sich mit dieser Intensität wohlfühlt

Intensität geringfügig steigern

Maximale Trainingszeit 10 – 15 Minuten

Desensibilisierung – siehe Seite 66

CLICKERAUFBAU

SCHRITT 1 Click + Futter = klassische Konditionierung

SCHRITT 2 Bekanntes Verhalten abfragen + Hund zeigt das Verhalten
= Click + Belohnung

SCHRITT 3 Aufbau eines neuen Verhaltens

Mit Körperhilfe Hund zum neuen Verhalten führen
+ Verhalten gezeigt = Click + Belohnung

Feinere Körperhilfe + Verhalten gezeigt = C+B

Erfolgreiches Training = Timing stimmt und Hund hat Click begriffen!

**Wort für das Ende des Trainings einführen! Wort sagen, dann
Training beenden! Sehr wichtig, damit Hund abschalten kann!!!!**

Clickeraufbau – siehe Seite 70

DAVORSTELLEN

SIGNAL   **+ SITZ** — Besitzer stellt sich vor den Hund – Hund bleibt sitzen → C + B

SIGNAL   — Hund setzt sich, Besitzer stellt sich vor den Hund, dieser bleibt sitzen → C + B

Besitzer bewegt sich, Hund bleibt sitzen → C + B

Besitzer bewegt sich intensiver, Hund bleibt sitzen → C + B

Eine Ablenkung geht in einem grossen Abstand an Besitzer und Hund vorbei, Hund bleibt sitzen. → C + B

In grossen Abstand geht Angstauslöser vorbei, Hund bleibt sitzen → C + B

STEIGERUNG →

Notfalllösungen – siehe Seite 74

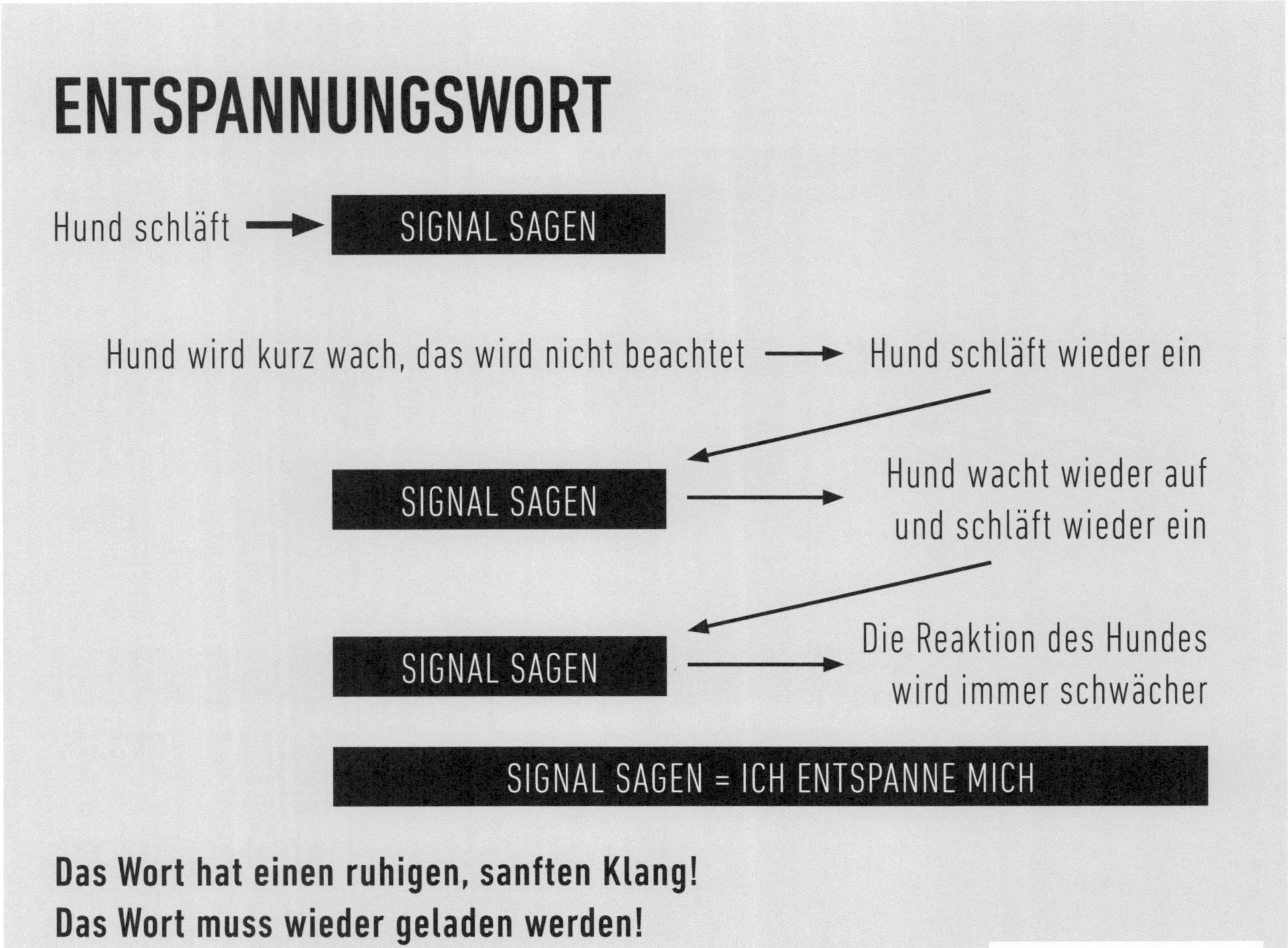

ENTSPANNUNGSWORT

Hund schläft ⟶ **SIGNAL SAGEN**

Hund wird kurz wach, das wird nicht beachtet ⟶ Hund schläft wieder ein

SIGNAL SAGEN ⟶ Hund wacht wieder auf
und schläft wieder ein

SIGNAL SAGEN ⟶ Die Reaktion des Hundes
wird immer schwächer

SIGNAL SAGEN = ICH ENTSPANNE MICH

Das Wort hat einen ruhigen, sanften Klang!
Das Wort muss wieder geladen werden!

Entspannungswort – siehe Seite 64

GEGENKONDITIONIERUNG

AUSGANGSSITUATION

OBJEKT = ANGSTAUSLÖSER = SCHLECHTE SITUATION BEGINNT

ARBEIT

GERINGE INTENSITÄT DES AUSLÖSERS ▶ HUND NIMMT DEN AUSLÖSER WAHR ▶ SEHR HOCHWERTIGE BELOHNUNG

ZIEL

OBJEKT = ANGSTAUSLÖSER = GUTE SITUATION BEGINNT

Gegenkonditionierung – siehe Seite 66

HINGUCKEN – WEGGUCKEN

SCHRITT 1 — Freund bewegt sich + Hund schaut hin – **AS** + Hund guckt Besitzer an — C + B

SCHRITT 2 — Freund bewegt sich + Hund schaut hin + Hund guckt Besitzer an — C + B

SCHRITT 3 — Freund bewegt sich + **Signal** + Hund schaut hin + Hund guckt Besitzer an — C + B

SCHRITT 4 — **Signal** + Hund schaut zum Objekt + Hund guckt Besitzer an — C + B

SCHRITT 5 — **Signal** + Arbeit wie Schritt 4 aber mit Angstobjekt in grosser Distanz — C + B

ZIEL

SIGNAL — Hund guckt hin + Hund guckt zum Besitzer zurück — ALLES OK, H IM GRÜNEN BEREICH

SIGNAL — Hund guckt hin + Hund braucht **AS** um zurückzugucken — DISTANZ, H IM GEL-BEN BEREICH

SIGNAL — Hund guckt hin + auch nach **AS** kein Blick zurück — WEGGEHEN, H IM ROTEN BEREICH

Hingucken – Weggucken – siehe Seite 68

PARALLELLAUFEN

Hund ← Distanz so wählen, dass der Hund im grünen Bereich ist → Angstobjekt

→ Angeleint arbeiten

→ Langsam laufen

→ Hund darf schnuppern, Pipi machen, Kontakt mit Besitzer aufnehmen etc.

→ Ruhe ist wichtiger Bestandteil des Trainings

→ Jeder Blick zum Angstauslöser wird ruhig bestätigt

 Die Seiten tauschen, damit der Hund den Geruch wahrnehmen kann

 Distanzen langsam verringern

 Ca. 15 – 20 Minuten reichen insgesamt an Trainingsdauer

Parallellaufen – siehe Seite 67

POSITIVES TRAINING –SIGNALAUFBAU

SCHRITT 1 Signal + Belohnung = klassische Konditionierung

SCHRITT 2 Signal + Verhalten + Belohnung = instrumentelle Konditionierung

SCHRITT 3 Langsames Steigern der Schwierigkeiten und Ablenkungen

SIGNAL – VERHALTEN = /

SIGNAL – VERHALTEN = STRAFE

SIGNAL – VERHALTEN = SIGNALWIEDERHOLUNG

SIGNAL – VERHALTEN = DRUCK

Positive Unterordnung – siehe Seite 70

RITUALE AM BEISPIEL VON "ZEIGEN"

SIGNAL	+ Belohnung	→	Belohnung
SIGNAL	+ Kurzer Blick auf das Fell	→	Belohnung
SIGNAL	+ Längerer Blick auf das Fell	→	Belohnung
SIGNAL	+ Berühren des Fells	→	Belohnung
SIGNAL	+ Intensives Berühren des Fells	→	Belohnung
SIGNAL	+ Die einzelnen Schritte mit einer fremden Person	→	Belohnung

Jeden Schritt üben, bis der Hund dabei ruhig und entspannt ist!

Rituale – siehe Seite 72

UNERWÜNSCHTES VERHALTEN BEENDEN

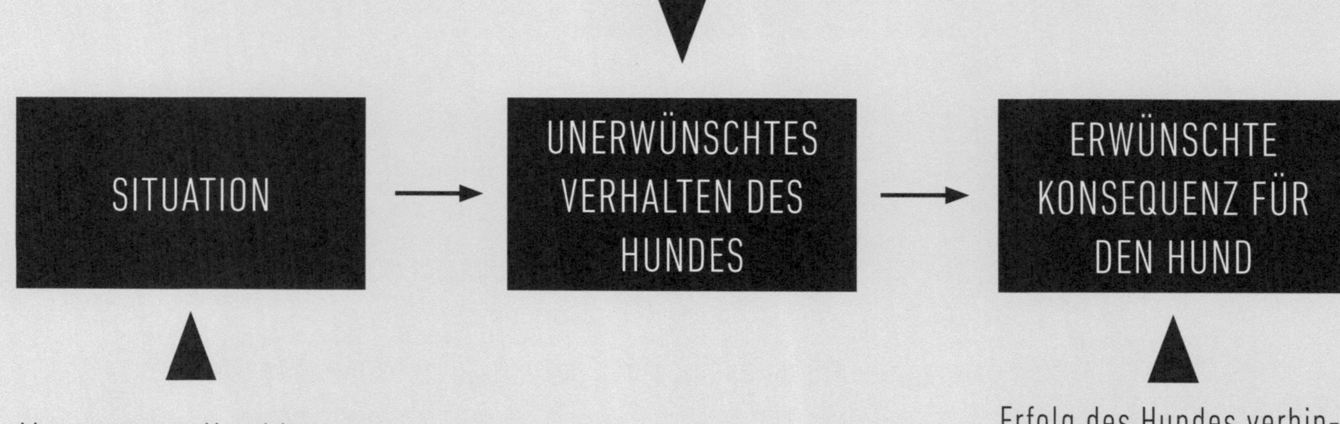

Beenden einer unerwünschten Handlung – siehe Seite 72

SOCIAL WALK

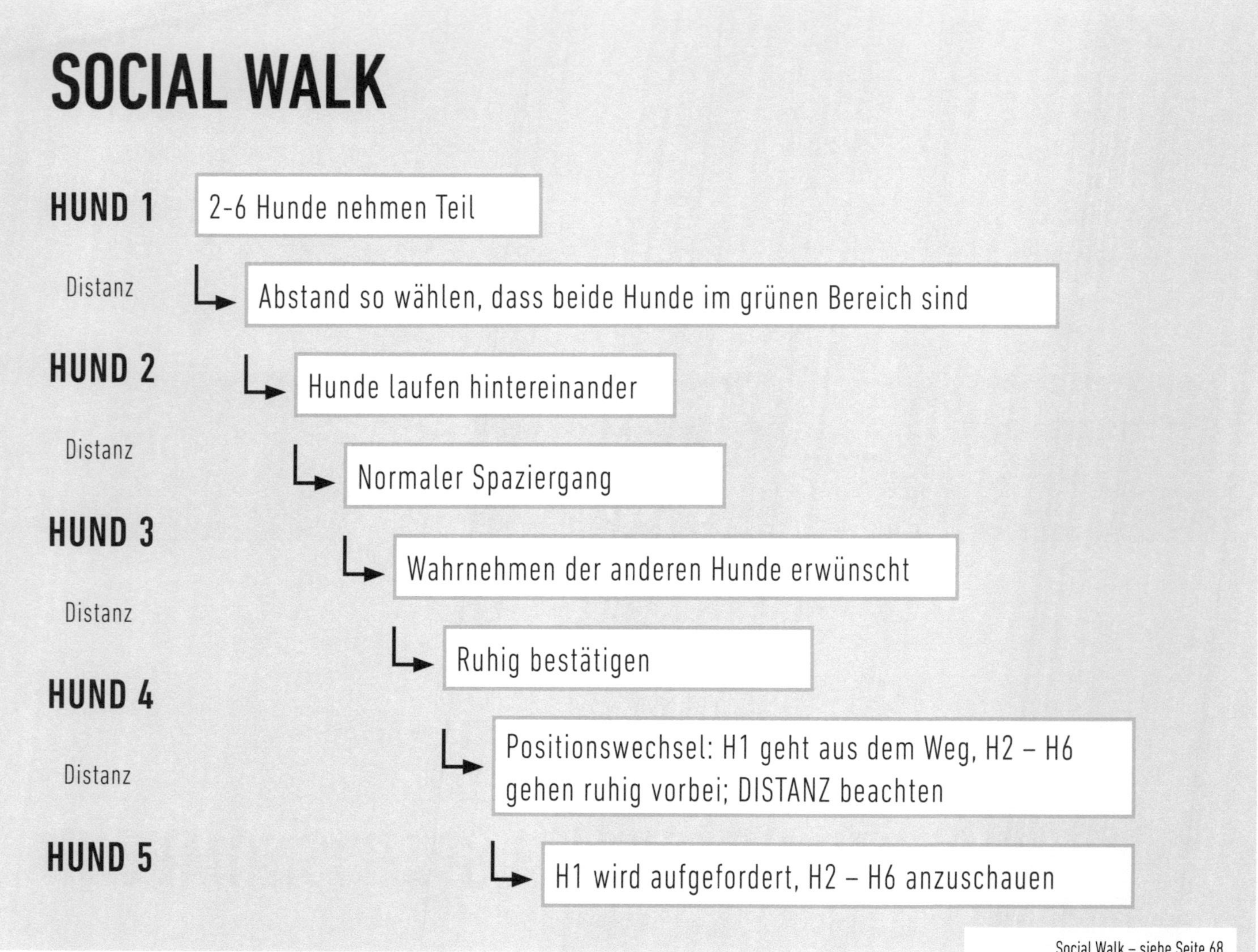

Social Walk – siehe Seite 68

STRESSREDUKTION

Ruheinseln

In welcher Situation entspannt der Hund im Alltag? Diese Situation benutzen, wenn der Hund hektisch ist. Z.B. Mensch sitzt mit Kaffee und Buch für ½ –1h und der Hund kann ebenfalls entspannen.

Kauen und Lecken

Kauzeug / gefüllter Kong dem Hund nach einer anstrengenden Situation geben; der Hund kann dann leichter entspannen.

Situation analysieren + Management

Was stresst den Hund?

→ Kann ich etwas ändern?

→ Änderungen durchführen

→ Hundeverhalten beobachten

→ Änderungen erfolgreich?

Stressreduktion – siehe Seite 63

7

TRAININGSPLANUNG

Die Planung eines Trainings oder einer Therapie ist absolut individuell. Man kann keinen allgemein gültigen Ablauf aufstellen. Was man aber machen kann, und was dieses Buch auch versucht, ist, die wichtigsten Methoden, Hintergründe sowie das Verständnis für die Bedürfnisse des Hundes aufzuzeigen. Mit diesem Wissen kann dann für jeden Hund ein individuelles Training oder eine Therapie zusammengestellt werden. Es ist also ein bisschen wie beim Kochen, das Buch gibt Ihnen die Übersicht über die Zutaten zu einem Rezept. Auch vermittelt es Ihnen wichtige Informationen über essentielle Lebensmittel, gibt Ratschläge, auf was Sie beim Kochen allgemein und im Rezept konkret achten müssen; das Rezept zusammenstellen und kochen, das müssen Sie aber selbst.

Sie haben durch dieses Buch folgende „Zutaten und Kochanweisungen" kennengelernt:

Wissen über die Phänomene *Angst und Stress*

Verständnis für die Vorgänge, die in einem Hund ablaufen, und warum er sich in bestimmten Situationen so und nicht anders verhält.

Trainingsmethoden, Signale sowie Hilfsmittel, die Sie einsetzen können, um sich und dem Tier das Leben zu erleichtern.

Nun versuchen wir, aus den einzelnen Zutaten eine Rezeptidee zu erarbeiten.

Grundsätzlich unterscheiden sich die Therapien für einen unsicheren, ängstlichen oder gar traumatisierten Hund.

Bei einem unsicheren Hund reicht es aus, wenn Sie darauf achten, ihm einen positiven Eindruck einer schwierigen Situation zu vermitteln. Vermeiden Sie, ihn negativ, mit Druck oder mit Strafe in einer schwierigen Situation zu erziehen. Zwei Beispiele sollen das verdeutlichen:

Sitka war sehr unsicher, sobald er ein fremdes Haus betrat und dort auch noch rutschigen Boden vorfand. Hätte ich ihn dann mit einem „zu mir" gedrängt oder ihn gar an der Leine gezogen, damit er schneller in das Gebäude eintritt, hätte ich ihn mit Sicherheit weiter verunsichert. Das Ergebnis wäre vermutlich ein Hund, der immer größere Probleme mit solchen Situationen zeigen würde. Lässt man einem Hund in so einer Situation aber Zeit, langsam in ein neues Haus zu gehen, und zeigt man ihm, dass er dieses auch wieder verlassen kann, und das es dort sogar besonders schön ist, weil Leckerlis auf dem Boden liegen, wird der Hund Vertrauen fassen können. Es bedarf eigentlich nur etwas Geduld und Ruhe, um einen unsicheren Hund sicherer zu machen.

Wollen Sie das erste Mal mit Ihrem Hund Zug fahren, und Ihr Hund zeigt Zeichen von Unsicherheit, dann sollte aus der geplanten Reise erstmal ein Besuch am Bahnhof werden. Sie zeigen Ihrem Hund besser nur einen kleinen Teil der Aufgabe, aber diesen gut und mit viel Spaß, Ruhe, Geduld und Leckerli, als ihn hoffnungslos mit neuen Eindrücken zu überfrachten. Verlässt Ihr Hund nach 15 Minuten den Bahnhof gut gelaunt, haben Sie großen Erfolg gehabt. Das nächste Mal wird Ihr Hund viel entspannter und freudig mit Ihnen den Bahnsteig betreten, da er sich an das schöne Erlebnis erinnern kann. So können Sie weiter üben und bald Ihre gemeinsame Reise antreten.

Planen Sie gute erste Eindrücke in neuen Situationen, aber bleiben Sie flexibel, Ihre Pläne dem Hund anzupassen. Machen Sie langsam. Eine zu einfache Eingewöhnungsübung hat noch keinem Hund geschadet, eine Überlastung mit neuen Eindrücken sehr wohl.

Bei einem ängstlichen Hund können Sie weiter unten Hinweise finden, wie eine Therapie ablaufen könnte. Für einen traumatisierten Hund gilt Ruhe, sowie die Angstsituationen in kleinstmögliche Bröckchen aufzuteilen und diese einzeln zu üben. Am Anfang meiner Therapie mit Maudi musste ich feststellen, dass der Schritt „fremde Hund in weiter Ferne, und Maudi fühlt sich wohl" nicht der erste Schritt in unserem Training sein kann. Vielmehr mussten wir damit beginnen, dass Maudi in einer Gegend, in der zahlreiche Hunde leben, entspannt Gassi gehen konnte und nicht bei jedem Geräusch panisch herumfuhr und sich hochgradig alarmiert fühlte. Das Training hat fast ein halbes Jahr gedauert, denn es brauchte Zeit, diese Übung zu generalisieren. Aber erst nach dieser Therapie war Maudi in der Lage, überhaupt ein Training mit anderen Hunden zu bewältigen. Auch mussten wir erst am gegenseitigen Vertrauen in schwierigen Situationen arbeiten, bevor wir mit dem Thema „Wir sehen in einer großen Entfernung einen Hund" starten konnten.

Nach meinem Verständnis durchlaufen das Training und die Therapie drei Phasen: In der ersten Phase zeigt das Tier noch die meisten Probleme; in Anlehnung an den entsprechenden Ausdruck in der Körpersprache stellen wir die Inhalte dieser Lernzeit rot dar. Sind Sie mit Ihrem Training in Phase zwei angelangt, sollte Ihr Hund sich im Großen und Ganzen im gelben Bereich befinden, also wird diese Phase gelb gekennzeichnet. Die letzte Phase des Trainings ist dann die Phase, in der der Hund schon wieder Boden unter den Pfoten hat und meistens im grünen Bereich ist, also sind die Therapie- und Trainingsinhalte ebenfalls grün abgebildet:

Phase 1, hier erarbeiten Sie die Basis für das spätere Training oder die Therapie, also Aspekte wie Stressabbau, Vertrauensaufbau, Ursachensuche, positive Unterordnung, Gegenkonditionierung, Desensibilisierung; ebenso erfolgt hier der Aufbau von Signalen, die man später brauchen möchte.
Phase 2, hier werden die Grundlagen, die erarbeitet wurden, intensiver und in unterschiedlichen Situationen geübt. Diese werden immer weiter dem Lebensalltag angepasst. In dieser Lernphase beginnt der Hund, Signale und das richtige Verhalten zu generalisieren. Achten Sie dabei bitte weiterhin auf den Stresspegel Ihres Hundes.
Phase 3, hier wird die Feinarbeit geleistet. Dieses Training begleitet den ehemaligen „Problemhund" sein ganzes weiteres Leben lang. Man muss immer an seinem Selbstwertgefühl arbeiten und darauf achten, dass er auch die Bestätigung für richtiges Verhalten bekommt. Diese Form von permanenter Auffrischung klingt schlimmer, als sie ist. Sind Sie mit Ihrem Hund hier angelangt, ist eine richtige Bestätigung für Sie so selbstverständlich geworden, dass Sie sie sowieso machen. Sie haben einfach Freude an den Erfolgen und genießen die positive Arbeit mit Ihrem Hund. Auch

hier ist es wichtig, den Stresspegel des Tieres im Auge zu behalten. Steigt der Stress wieder, können schon lang überwundene Probleme wieder aufleben.

Rezept-Tipp für einen „Stress"-Hund
Der erste Schritt für einen stark gestressten Hund ist mit Sicherheit, ihm so viel Ruhe wie möglich zu geben. Gleichzeitig sammeln Sie bitte alles, was Sie über Ihren Hund herausfinden. Welche Erfahrungen hat er schon gemacht? Was hat er bereits als Stress kennengelernt? Was wissen andere Menschen über Ihren Hund? Wie haben diese ihn schon erlebt? In welchen Momenten zeigte er besonders hohen Stress an? Wichtig ist auch die Frage, was beruhigt ihn, und welche Situationen tun ihm wirklich gut? Wann beruhigt er sich, was hilft ihm beim Entspannen? Und bitte richten Sie Ihre Aufmerksamkeit auf die Stressanzeichen Ihres Tieres. Wie zeigt sich akuter, kurzzeitiger Stress, welche Anzeichen hat lange anhaltender Dauerstress oder gar chronischer Stress? Schreiben Sie sich bitte alle Fragen und vor allem die Antworten auf!
Nutzen Sie diese Zeit ganz intensiv für einen Vertrauensaufbau zwischen Ihnen und Ihrem Tier.
Haben Sie mit Ruhe den ersten größten Stress überwunden und kennen die Hauptstressoren, können Sie mit dem nächsten Schritt beginnen. Beobachten Sie nun Ihren Hund noch genauer und werden sehr präzise in Bezug auf die Stressoren. Trennen Sie diese in die, an denen Sie arbeiten müssen und in jene, die Sie aus dem Hundeleben eliminieren können. Arbeiten Sie in dieser Zeit bitte aktiv an der Ruhe Ihres Hundes und helfen Sie ihm mit „Konditionierter emotionaler Reaktion", Kauen und Lecken, sich noch tiefer zu entspannen. Lassen Sie ihn bitte medizinisch untersuchen; je nach Stresspegel Ihres Tieres wäre der Tierarztbesuch zu einem früheren Zeitpunkt vielleicht noch eine Überforderung, daher spreche ich ihn erst in diesem Stadium der Therapie an. Kommt Ihr Hund aus einem anderen Land, suchen Sie bitte direkt einen Tierarzt auf.
Haben Sie auch diesen Schritt gemacht, dann beginnen Sie, mit Ihrem Hund einen „Fun-Plan" auszuarbeiten. Welche Denk- und Nasenspiele mag Ihr Hund besonders, wie können Sie ihm eine geistige Beschäftigung

geben, die ihm gut tut? Außerdem stellen Sie einen Trainingsplan für die Situationen auf, die Ihrem Hund jetzt noch Schwierigkeiten bereiten. Nehmen Sie sich Zeit für jede Situation und üben Sie sie in kleinen Einheiten, zerlegt in einzelne Schritte. Lassen Sie dem Hund zwischen den Übungen Zeit, sich wieder zu erholen. Stellen Sie bitte eine Liste über die Situationen auf, die ihm Training Vorrang haben sollten. Was wünschen Sie sich und Ihrem Hund als ersten entlastenden Lernerfolg? Bekommt Ihr Hund beispielsweise Stress durch Stadtbesuche, die nicht zu vermeiden sind, dann könnte das Training in kleinen Schritten folgendermaßen aussehen:

· an einem Wochenendtag in eine Kleinstadt oder ein Dorf gehen, wenn noch alles ruhig ist, hier höchstens 15 – 20 Minuten bleiben

· in die Kleinstadt gehen, wenn sie etwas belebter ist, vielleicht über Mittag

· nun die Fahrt in die Stadt mit einem kurzen Gang in der ruhigen Randzone kombinieren

· an einem Sonntag ganz früh am Morgen in die Stadt gehen und dem Hund viel Gelegenheit geben, sich zu orientieren und zu schnuppern

· auch hier langsam die einzelnen Parameter wie Ablenkung, Geräuschpegel u.a. steigern

· immer wieder die Notwendigkeit des Stadtbesuches mit Hund überprüfen und überlegen, wie diese noch hundegerechter ablaufen können

· ebenso regelmäßige Erholungsphasen wie ausgiebiges Schnüffeln und Geschäfte erledigen einbauen

· in der ganzen Übungszeit viele Tage mit Ruhe, Waldspaziergängen und Hundespaß einplanen

· nach den Übungen dem Hund Kauartikel zum Stressabbau anbieten

Während dieser Therapie dürfen Sie Ihren Hund nicht mit weiteren Stadtbesuchen überfordern. Sie brauchen also in der Zeit entweder Urlaub oder müssen nach einer Hundebetreuung Ausschau halten. Die Alltagssituationen dürfen nicht schwieriger als die des Trainings sein. Wie immer ist hier Management gefragt. Versuchen Sie, so viele kleine Stressquellen wie möglich zu beseitigen. Auch wenn es jeweils nur kleine „Aufregungen" sind, können sie durch regelmäßiges Auftreten die Toleranz für andere Dinge herabsetzen oder die normale gesunde Stressreduktion blockieren. Nach einer Weile können Sie regelmäßig Ihren Hund mit anderen belastenden Situationen bekannt machen; verfahren Sie dabei immer langsam und behutsam. Geben Sie Ihrem Hund viel Zeit zum Entspannen und Verarbeiten.

Behalten Sie bitte immer Ihre Liste über die Stresssymptom im Auge und verfeinern Sie sie regelmäßig. So schulen Sie Ihren Blick und können Schwierigkeiten frühzeitig erkennen.

Geben Sie Ihrem Hund eine gesunde Mischung aus Entspannung und Aufregung. Fördern Sie seine Fähigkeit, einen ruhigen Kopf zu behalten sowie seine Eigenständigkeit, in dem Sie mit ihm richtig spielen.

Wenn sich der Stresspegel Ihres Hundes normalisiert hat, können Sie beginnen, durch schwierigere Aufgaben und Spiele seine Stresstoleranz zu erhöhen. Aber dies ist wirklich erst der letzte in einer ganzen Reihe von kleinen Schritten.

Wie lange dieser Prozess dauert, ist abhängig von der Höhe des Stresspegels, dem individuellen Tier, Ihren Lebensumständen und denen Ihres Tieres, von Ihrer Zeit und Ihren Möglichkeiten, durch Management, Alltagsveränderungen und Training Ihrem Hund aus den schwierigen Situationen herauszuhelfen.

Rezeptidee für einen ängstlichen Hund
Beginnen Sie mit einer möglichst genauen Recherche nach Ursachen und Auslöser des Verhaltens.
Betreiben Sie sehr viel Management, um Ihren Hund aus belastenden Situationen fern zu halten. Seien Sie bitte bereit, zu Gunsten der Entlastung Ihres Tieres Ihren Alltag umzukrempeln.

Lassen Sie die Gesundheit Ihres Hundes abklären. Erstellen Sie eine Belohnungsliste, sowie Listen über Stressauslöser und wirklich hilfreiche Entspannungsmöglichkeiten.

Als ersten Schritt beginnen Sie mit einer Stressreduktion. Danach schließen sich Vertrauensarbeit und wirklich positive Unterordnung an. Seien Sie hier wirklich ehrlich, wenn Ihr Hund Ihnen in einigen Situationen nicht mehr vertraut, weil er die Erfahrungen gemacht hat, Sie reagieren oder helfen ihm nicht oder strafen ihn sogar, so hängt ein wesentlicher Teil des Problems mit Ihrer gemeinsamen Beziehung zusammen. Diese muss entsprechend bearbeitet und gestärkt werden. Möchte man diesen Punkt lieber unter den Tisch kehren, weil er schmerzt, tut man sich und dem Hund keinen Gefallen. Hat man Fehler gemacht, kann man Sie mit dem entsprechenden Willen und Training auch wieder ausgleichen, aber man muss ehrlich mit sich sein und mit der Arbeit beginnen. Auch ist es wichtig, die positive Unterordnung anhaltend zu praktizieren; wenn Ihr Hund erlebt, dass Sie beide eine Zeit lang in wirklicher Teamarbeit miteinander trainiert haben, und dann unerwartet die Wurfkette fliegt oder Sie Ihren Hund anschreien, dann ist der bislang erreichte Vertrauensaufbau wieder zerstört. Sie müssen klar und ruhig mit Ihrem Hund umgehen. Und Sie müssen konsequent an Ihren Zielen arbeiten; konsequent ist kein Synonym für Gewalt, sondern bedeutet, dass Regeln und Grenzen gelten und Sie sie fair und ruhig durchsetzen. Erst unklare Regeln aufstellen, Sie nach Lust und Laune durchsetzen und dann je nach eigener Stimmung, verärgert auf das Nichteinhalten reagieren, zeichnet keine Führungspersönlichkeit aus. Bitte überdenken Sie auch diesen Teil des Trainings genau und seien Sie wirklich ehrlich zu sich selbst.

· Beginnen Sie mit einer systematischen Desensibilisierung und Gegenkonditionierung. Je nach Hund und Angstsituation, Angstauslöser und Stärke der Angst, holen Sie sich professionelle Hilfe hinzu.

· Arbeiten Sie am Angstauslöser ohne die begleitenden Umstände.

· Arbeiten Sie am Kontext ohne Angstauslöser. Angst darf man nicht bestrafen. Sie müssen dem Hund Sicherheit geben, indem Sie Ruhe und Souveränität ausstrahlen. Sie sind in schwierigen Situationen bei Ihrem Hund. Es ist Ihre Aufgabe, dafür zu sorgen, dass die Situation Ihren Hund nicht überfordert.

· Machen Sie Entspannungsspaziergänge mit Ihrem Hund, genießen Sie das Zusammensein mit ihm. Sie arbeiten jetzt am Fundament Ihrer Beziehung und des späteren Hundeverhaltens, lassen Sie sich Zeit für diesen Schritt. Stimmt das Fundament nicht, bricht beim ersten Sturm das Haus zusammen, und Ihr Hund fällt bei einer schwierigen Situation wieder in altes Verhalten zurück, weil er nur scheinbar so weit war.

· Beginnen Sie nun, Ihre positive Unterordnung mit mehr Ablenkung und in unterschiedlichen Situationen zu üben.

· Beginnen Sie, Ihre Desensibilisierung und Gegenkonditionierung mit anderen Hunden und Menschen, an unterschiedlichen Orten, zu verschiedenen Zeiten zu machen.

· Beginnen Sie vorsichtig, Auslöser und Kontext zusammen zubringen.

· Beginnen Sie, mit Ihrem Hund einfache Alltagssituationen zu meistern. Gehen Sie dabei langsam vor und bitte stets nur so weit, wie der Trainingsstand Ihres Hundes das zulässt. In Therapie, Training und möglichst auch im Alltag sollte der Hund nie über den gelben Bereich hinauskommen.

· Geben Sie sich und Ihrem Hund neue Aufgaben, vertiefen Sie das Vertrauen zu einander.

· Beginnen Sie, mit Bekannten, die wissen, wie sie sich verhalten sollen, schwierigere Alltagssituation zu stellen, und arbeiten Sie diese durch.

· Generalisieren Sie Ihre Trainingserfolge an anderen Orten und mit anderen Trainingspartnern.

· Genießen Sie das Zusammensein noch mehr. Achten Sie dabei immer auf den Stresspegel Ihres Hundes, und machen Sie regelmäßig gemeinsam entspannende Pausen.

· Beschränken Sie Ihr Management auf schwierige Situationen, und lassen Sie Ihrem Hund wieder etwas mehr Freiheiten.

· Beginnen Sie, weiter Situationen zu finden, in denen Sie üben können.

· Entwickeln Sie Spaßübungen für die positive Unterordnung.

· Loben Sie Ihren Hund weiterhin für richtiges Verhalten in schwierigen Situationen.

· Genießen Sie den neugewonnenen Alltag mit Ihrem Hund, freuen Sie sich an Ihren gemeinsamen Erfolgen.

Wenn man mit einem ängstlichen Hund zu arbeiten beginnt, baut man neue Signale auf, verbessert das gegenseitige Vertrauen; das geschieht immer ohne Auslöser oder in einer Distanz zu ihm, mit der sich der Hund noch wohlfühlen kann. Um die Ängste langfristig zu reduzieren, muss man aber in den Bereich vordringen, in dem das Tier leichte Ängste zeigt. Hier ist sehr viel Fingerspitzengefühl gefragt, um den richtigen Wechsel zwischen den einzelnen Trainingseinheiten zu gestalten und den Hund nicht zu überfordern. Dabei ist der regelmäßige Schritt zurück in den sicheren Bereich besonders wichtig, um Gelerntes zu festigen bzw. die Signale aufzufrischen.

Für eine erfolgreiche Angsttherapie ist es wichtig, nicht nur an dem Problem zu arbeiten, sondern den gesamten Hund zu betrachten und zu behandeln.

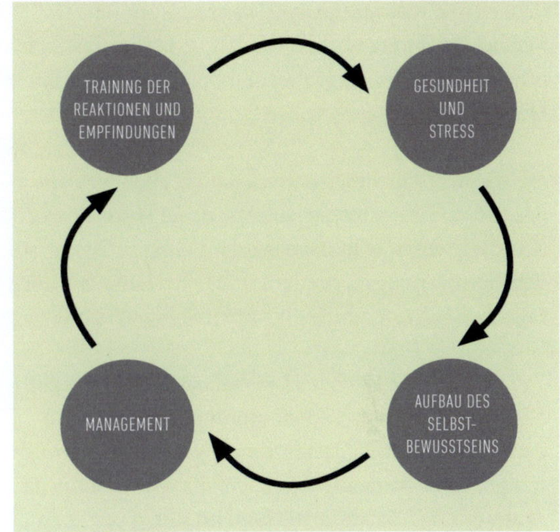

Um eine Therapie zum bestmöglichen Erfolg zu bringen und den „ganzen" Hund zu behandeln, sind diese Bereiche besonders wichtig:

Gesundheit und Stress – in diesen Bereich gehört alles, was der Gesundheit des Hundes dient. Von Ernährung über eine Impfung bis hin zu einem tierärztlichen Check. Auch das große Kapitel des Stressabbaus gehört dazu. Beginnt man ein Training, ohne diesen Teil zu berücksichtigen, kann es sein, dass das Training keinen Erfolg zeigt, weil eine der Grundlagen fehlt. Wer selber schon mal unter Schmerzen gelitten hat, kann das nachvollziehen. Hat man Schmerzen, ist man weniger konzentriert, generell gereizt und wesentlich weniger belastbar. Für mich steht am Anfang einer jeden Angsttherapie die tierärztliche Untersuchung.

Aufbau des Selbstbewusstseins – in dieses Gebiet gehört alles, was Ihren Hund selbstbewusster macht. Angefangen von ruhigen Nasenspielen bis hin zu Problemlösungen ist dieser Bereich sehr vielfältig und bringt jede Menge Spaß für Mensch und Hund. Ziel dieser Übungen ist es, dem Hund ein gesundes Selbstvertrauen zu geben. Mit wachsendem Selbstbewusstsein steigt auch die Fähigkeit, Probleme zu lösen – nicht nur Hundetricks und Futtersuche, sondern auch soziale Unsicherheiten. Hunde können hier lernen, nachzudenken und mehrere Lösungswege auszuprobieren. Vernachlässigt man diesen Bereich, so bringt das Training zwar Erfolge, trägt aber nicht dazu bei, dass der Hund in Zukunft auch selbstständig Lösungen findet.

Management – in diesen Bereich gehört alles, was uns das Leben leichter macht, solange unser Hund noch Schwierigkeiten zeigt. Management fängt nicht erst auf dem Spaziergang an, sondern schon zu Hause, bei der täglichen Routine, abhängig vom jeweiligen Hund.

Training der Reaktionen und Empfindungen – hierzu zählt alles, was man unter „Hundetraining" versteht, vom Aufmerksamkeitssignal bis hin zur positiven Unterordnung. Dieses Themenfeld ist ebenfalls sehr wichtig, da es uns ermöglicht, unseren Hund im Alltag besser zu lenken. Man darf aber das Befolgen eines Befehls nicht mit dem Meistern einer Situation verwechseln. Notfalllösungen, Alternativverhalten und so sind Hilfsmittel auf dem Weg zu einem angstfreien Hund; sie sind aber nicht das Ziel. Im Training muss man sich bewusst sein, dass der Hund immer zwei Dinge gleichzeitig lernt, das Verhalten und das Gefühl. Es ist nicht nur wichtig, was der Hund lernt, sondern wie er sich dabei fühlt. Denn sobald der Hund ein ihm bekanntes Signal hört oder in eine vergleichbare Situation kommt, erlebt er das erlernte Gefühl wieder. In Problemsituationen entscheidet dieser Aspekt über das Gelingen oder Scheitern.

Man kann die Praxis des Trainings auch nach einem anderen Gesichtspunkt strukturieren: Manche Schritte zielen auf die Ursache des Problems ab und verändern dort die Emotion des Hundes. So geschieht dies zum Beispiel bei der Gegenkonditionierung, der Desensibilisierung oder der Gewöhnung. Andere Trainingswege richten sich mehr gegen die Symptome, also das Verhalten, das der Hund zeigt. Beide Teile sind wichtig und gehören in ein „vollständiges" Training hinein. Manche Teile, wie das Notfalltraining, helfen vor allem dem Menschen; seine Sicherheit trägt ebenso zum Erfolg bei.

Ein ängstlicher Hund kann auf drei Wegen trainiert werden:

Der erste ist, ihn allmählich an die Angstobjekte zu gewöhnen; in seinem Tempo unter vorsichtigem Verschieben des grünen Bereiches, kann er sich so den Angstobjekten annähern und die Angst abbauen. Der zweite Weg ist, den Hund etwas schneller an seine Angstobjekte zu gewöhnen, in dem man ihm Hilfestellungen gibt und vermittelt, ein „Freund" ist da. Damit ist keine Unterordnungsübung gemeint, sondern die freundschaftliche Unterstützung durch Berührung, Ansprache oder Hingucken-Weggucken. So kann der Hund leichter mit schwierigen Situationen umgehen.

Auf dem dritten Weg wird der Hund mit Hilfe von Unterordnung durch die einzelnen Schwierigkeiten des Lebens geführt; damit wird schnell eine scheinbare Lösung des Problems erreicht.

Der erste Weg ist in meinen Augen mit Sicherheit der beste, da er wirklich auf den Fähigkeiten der jeweiligen Hunde beruht. Hier ist nur das Selbstbewusstsein des Hundes die Quelle des Erfolges. Der Nachteil an diesem Weg ist, dass während der Gegenkonditionierung und Desensibilisierung immer der Trainingsabstand zum Angstobjekt gewahrt werden muss. Das ist im täglichen Leben zum Teil nicht durchführbar. Unterschreitet man im Alltag diese Grenze, gibt es große Rückschritte im Training.

Der zweite Weg ist für mich eine gute Alternative zum ersten. Man gibt dem Hund die Möglichkeit, mit Hilfe eines „Freundes" Probleme richtig zu lösen. Statt dem Selbstbewusstsein wird dabei vor allem das Vertrauen in die Bezugsperson gestärkt. Das ist ein guter Zwischenschritt, dem die Übungen des ersten Weges optimal folgen können.

Der dritte Weg ist meiner Meinung nach der Garant für spätere Probleme. Meistert der Hund durch Unterordnungsübungen schwierige Situationen, so wird er in seinen Fähigkeiten schnell überschätzt. Dieser Hund gleicht eher einer stillen Waffe, die unberechenbar losgehen kann; da häufig die eigenen Warnzeichen nicht mehr gezeigt werden, geht mögliches Drohverhalten verloren; in der Enge der Situation ist dann oftmals die Unterordnung nicht abrufbar, und der Hund verliert die Nerven. Das führt meist zu einer sehr heftigen Reaktion des Hundes gegen sein Angstobjekt. Hunde, die gewohnt sind, viel in der Unterordnung zu sein und sich mit ihrer Hilfe aus Situationen zu ziehen, sind oftmals schwer zu „lesen"; schnell wird ihr Verhalten als „sie fühlen sich wohl" missinterpretiert; dabei ist der Hund nicht so angepasst, weil er wirklich mit der Situation zurechtkommt und sie ihm gleichgültig ist, sondern weil er sich bislang damit nicht auseinander setzen konnte.

Es gibt Situationen, aus denen man sich mit einer Unterordnung retten kann, aber dies ist dann eine Notfalllösung! Das darf nicht die Trainingsgrundlage oder die Regel sein. Gibt es keinen anderen Ausweg, als durch eine zu enge Begegnung mit dem Angstobjekt hindurch zu müssen, dann ist ein im „Fuss laufender Hund" mit Sicherheit besser, als einer, der an der Leine zieht, bellt und sich wild gebärdet. Besser sind aber Lösungen wie „Weggehen", „Umdrehen", „aus dem Weg gehen"; hier hat der Hund noch die Möglichkeit, aus einer schlechten Alltagssituation etwas Gutes zu lernen. Muss ich mit „Unterordnung" retten, lernt der Hund nichts dazu. Das muss uns Menschen einfach bewusst sein. Prägen diese Notfälle den Alltag, dann steht dringend an, das eigene Management zu überdenken.

Leider ist es in einem Buch nicht möglich, genauer auf einen Ablauf einer Therapie einzugehen. Dafür müsste ich Sie und Ihren Hund kennen. Ich hoffe, ich konnte Ihnen aber helfen, eine eigene Therapie für sich und Ihren Hund auszuarbeiten. Haben Sie Bedenken, ob Sie in der Lage sind, alle Dinge richtig einzuschätzen und die Körpersprache richtig zu deuten, empfehle ich Ihnen, sich professionelle Hilfe zu suchen. Sicherlich wird Ihnen das Wissen, das Sie jetzt durch das Lesen dieses Buches erworben haben, helfen, für sich und Ihren Hund einen passenden Trainer zu finden.

Hier nun eine Art Checkliste der wichtigsten Trainingsprinzipien

· Ursache eines „Problemverhaltens" möglichst genau erkunden.

· Ursachen und Auslöser der Angst herausfinden.

· Angstauslöser ohne Kontext bearbeiten.

· Kontext ohne Angstauslöser trainieren.

· Mittels systematischer Desensibilisierung an den Ursachen/Auslösern arbeiten.

· Angst darf man nicht bestrafen.

· Ruhe und Souveränität ausstrahlen und dem Tier Sicherheit geben.

· In schwierigen Situationen sind wir immer bei dem Hund.

· Es ist unsere Aufgabe, dafür zu sorgen, dass Situationen unseren Hund nicht überfordern.

· In Therapie, Training und möglichst auch im Alltag sollte der Hund nie über den gelben Bereich hinauskommen.

· Therapien sind sehr individuell, und der Verlauf richtet sich nach dem jeweiligen Hund.

· Vielleicht beginnt die Therapie auch mit dem Aufbau von Vertrauen zwischen Hund und Mensch.

· Ziele und Erwartungen je nach Angstobjekt anpassen.

· Nicht nur in Trainingssituationen die Eigenständigkeit des Hundes fördern.

Gedanken zum Schluss

Das Leben mit einem „Problemhund" mag sich im ersten Moment nur nach Arbeit und Schwierigkeiten anhören, das stimmt aber nicht. Ja, man muss vieles beachten, und es ist bestimmt nicht so einfach, wie das Zusammenleben mit einem „normalen" Hund.

Dennoch ist es so, dass die meisten „Problemhunde", denen ich begegnet bin, dank uns Menschen so geworden sind, egal ob bewusst oder unbewusst, ob gewollt oder aus Unwissenheit. Sie haben es verdient, dass wir uns für sie einsetzen; und sie geben uns sehr viel davon zurück. Alle Mühe lohnt sich und wird um ein Vielfaches zurückgeschenkt.

Und man kann von keinem anderen Hund so viel über Körpersprache, Lerntheorie und Psychologie lernen, wie von einem Problemhund. Also machen Sie sich daran, Ihr Problem zu lösen. Ich wünsche Ihnen zahlreiche kleine Siege, die Sie mit Ihrem Hund feiern können. Nichts ist so schön, wie das „Danke" aus Hundeaugen, wenn wir endlich begriffen haben, dass unser Job heißt, „auf den besten Freund des Menschen aufzupassen und mit ihm gemeinsam durchs Leben zu gehen", und nicht, sie an die Leine zu nehmen, durch unser Leben zu schleifen und in schwierigen Situationen, wenn sie uns bräuchten, allein zu lassen. Weiterhin wünsche ich Ihnen, lieber Leser, dass Sie gleichviel Gutes dank Ihres „Problemhundes" lernen können, wie ich es durch meine durfte. Und mir wünsche ich, ebenso viel Nachsicht, Großzügigkeit und Geduld für andere Menschen zu entwickeln, wie meine Hunde für mich.

Am Ende eines Seminars „Angst und Stress bei Hunden" sagte eine Teilnehmerin, „Es ist nie zu spät, etwas zu ändern, und die kleinste Änderung und der kleinste Erfolg zählen". Das war ein wunderschönes Schlusswort für das Seminar, und es ist auch ein sehr gelungenes für dieses Buch.

Danksagung

Fangen wir am Anfang an:

Dank an meine Eltern, die mir die Liebe zu Tieren in die Wiege gelegt und mir die Faszination „Natur" in meiner Kindheit gezeigt haben sowie das Biologie-studium bezahlten – es war doch nicht vergebens.

Dank an die beste „Notfalloma" dieser Welt, ohne Dich wären so manche Seminare ins Wasser gefallen.

Dank an Turid Rugaas, die meinen Umgang mit Hunden komplett umgekrempelt, in dem sie mir eine neue Sichtweise eröffnete.

Dank an Sheila Harper und Dr. Ute Blaschke, Eure Arbeit mit den Hunden hat mich sehr stark beeinflusst.

Dank an Ute, für deine Überzeugung, Biologie gehört in das Hundetraining sowie deinen Mut, dieses Buch zu verlegen.

Dank an Susi, Priska, Anne Lill und Mirjam, Kollegen, mit euch kann ich nächtelang über Hunde, Erziehung, Philosophie, Männer, Kinder und andere wichtige Dinge des Lebens diskutieren. Der Austausch mit Euch ist immer super, und das Netzwerk trägt.

Dank nochmal an Priska und Susi, die besten Freun-dinnen, die man haben kann, für unermüdliches Lesen dieses Buches; ich befürchte, Ihr träumt schon davon.

Dank an Maudi und Sitka, ihr seid die besten Lehrmeis-ter.

Dank an euch, meine lieben Kunden und eure Hunde, mit denen ich arbeiten durfte. Eure Fragen, Kritik und Arbeit haben einen hohen Wert. Ohne sie ginge die Tätigkeit eines Hundetrainers nicht. Einen Extradank an meine „Freitagsleute", Ihr wisst, wer gemeint ist, Ihr seid einfach toll.

Danke an Milo, Grisette, Nikita, Catalina, Maudi, Sitka, Mäuschen, Haskia, Arina, dass ihr Eure Fotos und Geschichten zur Verfügung gestellt habt.

Danke an meine drei Kinder. Ihr zeigt mir, dass meine „graue Theorie" stimmt, nicht nur bei Hunden. Ihr habt super viel Verständnis für meine Arbeit und seid tolle Helfer. Ich bin wirklich stolz auf Euch.

Dank an Dich Jens, ohne Deine Liebe und Unter-stützung wäre an DogTalk nicht zu denken. Keine Hundestunde, kein Seminar oder dieses Buch wären möglich gewesen, ohne Deine universellen „Babysit-terdienste", Computernothilfen, Gespräche und vieles andere mehr.

LITERATURNACHWEIS

Titel	Autor	Verlag
Das Netz der Gefühle	Joseph Ledoux	dtv 2001
Biologie der Angst	Gerald Hüther	Vandenhoeck+Ruprecht 2005
Mensch im Stress	Ludger Rensing	Spektrum 2006
Bringing light to shadow	Pamela S. Dennison	Dogwise 2005
Why Zebras don't get ulcers	Robert M. Sapolsky	Freeman+Company 1998
In talking terms with dogs	Turid Rugaas	Qanuk 2005
Lehrbuch der Hundesprache	Anders Hallgren	Oertel+Spoerer 2001
Ausdrucksverhalten beim Hund	Dr. Dorit Urd Feddersen Petersen	Kosmos 2008
Hundereich	Mirjam Cordt	Animal learn 2006
Neurowissenschaft	Dudel, Menzel, Schmidt	Springer 2001
Chronic stress alters dendritic morphology in rat medial prefrontal cortex	Susan Code	Journal of neurobiology 2004
Im Gespräch: Wenn der Schweiss ausbricht	Gerald Hüther	Jan 1999
Freeze, flight, Fight, Fright, Faint: adaptationist perspectives on the acut stress response spectrum	H. Stefan Breda	CNS Spectrums September 2004
Stress Vorlesung med. Psychologie	Dr. Götz Fabry	Freiburg
Stress Tiefenwirkung		Spektrum direkt, Wissenschaft omline 2004
Neurobiologie der Angst	Ned H. Kalin	Spektrum d. Wissenschaft 7, 1993
Neurobiologie des Vertrauens	Paul J. Zah	Spektrum d. Wissenschaft April 2009
Angst als biologisches Geschehen	Dr. Hans Morschitzky	www.panikattacken.at
Canine neuropsychology	James O'Heare	Ebook 2003